里山を考える

101のヒント

社団法人 日本林業技術協会 編

東京書籍

はじめに

古くは人々の生活と密着していた里山も、収益・便益の場としての価値が薄れるにしたがい、活動の場としては縁遠いものとなってしまいました。守りたくても人手のない農山村では放置され、人口の膨張しつづける都市近郊では、開発のターゲットでした。むしろ、里山開発は、時代の大きな要請でもありました。

近年、あまりにも急激な生活様式、価値観の変化に危機感を覚える人々の声や、収益・便益の場としてのみ里山をとらえず、もっと幅広な価値を見いだそうとする考え方が聞こえるようになってきました。単なる懐古趣味ではなしに、また、地球規模での環境問題とまで大げさに構えなくても、失ったものの大きさに気づき始めてきたのでしょう。このようなことをずっと以前から話しかけてきた人々もいましたが、市民権を得るまでには時間が必要でした。物づくりから疎外されて都会で生活している人々に、身体を動かしたい、汗を流したい、という自然の欲求に気づく「ゆとり」が生まれてきていることにも、無関係ではなさそうです。

里山と一言でいっても、それぞれ抱くイメージはきわめて広範にわたります。故郷と置き換えて考えている方々が大多数ではないでしょうか。総論として「里山を守ろう」ということは容易でも、具体的な方法論となると、なかなか一筋縄ではいかないということだと思いますが、むしろいろいろな形があるほうが面白く、かつ正常なのでしょう。

本書は、里山に関心を持たれる方々に、さまざまな里山へのアプローチを紹介するとともに、「里山って何だ」という方々にも興味を持っていただけるよう欲張ってみました。しかしながら、豊かな内容を秘める里山を限られたスペース、切り口で表現することには限界がありました。もう一歩踏み込んで欲しかったというご意見もあることと思います。幸いなことに里山に関しては優れた書物が数多く出版されています。詳論はそちらに譲るとし、ささやかな案内人となれれば幸いです。

ご多忙の折にもかかわらずご協力いただいた、執筆者並びに編集委員の皆さんに、厚くお礼を申し上げます。

二〇〇〇年二月

編　者

里山を考える一〇一のヒント——目次

I　里山の定義と歴史

II　里山の立地・環境・制度

III　里山の動物

IV　里山の植物

V　里山の活用

装幀／東京書籍AD・金子 裕

Ⅰ　里山の定義と歴史

1 里山ってどんなとこ

みなさんは、里山という言葉からどのようなイメージを思い描きますか？

国木田独歩の「武蔵野」や徳富蘆花の「みみずのたはごと」に出てくるような、クヌギやナラの雑木林ですか？　それとも、宮崎駿・高畑勲によるアニメ「となりのトトロ」に出てくる大きなクスノキが生えている鎮守の森（塚森）でしょうか？

また、最近では、守山弘の『自然を守るとはどういうことか』という本を筆頭に、里山の重要性が語られる機会も多くなってきましたし、木村伊兵衛賞を受賞した今森光彦の「里山物語」などの写真集を見て、ふだんなかなか見ることのできない里山動植物のリアルな生態描写に感銘した人も少なくないと思います。

里山のイメージは非常に多様であり、短い文章ですべてを語り尽くせないことは明らかですから、ここでは子どもから年輩の方まで広く知られている文部省唱歌「ふるさと」にまつわる話をしたいと思います。

「兎追いしかの山　小鮒釣りしかの川……」で始まる「ふるさと」は、今でも多くの人に歌い継がれ、日本の典型的な里山イメージとして定着しているといえます。この歌がつくられたのは、大正の初めごろといわれています。実は、この歌は、誰が書いたのか長い間明らかでありませんでした。昭和四七年に、高野辰之作詞、岡野貞一作曲と認定されていますが、例えば岡野貞一の長男国雄ですら、貞一が亡くなるまでこの事実を知らなかったそうです。

岡野貞一（一八七八〜一九四一）は、鳥取市出身で、東京音楽学校で長く教鞭をとっていました。彼が同僚の高野辰之と知り合ったのはその時です。貞一は、物静かで敬虔なクリスチャンだったと伝えられています。そのため、彼のつくる旋律は、賛美歌が手本となっているところも多く、荘厳です。また、西洋音楽を基礎に学んでいるため、その旋律も和旋律とは異なり、当時としては耳新しいメロディに仕上げています。

高野辰之（一八七六〜一九四八）は、北信濃の豊田村出身で、東京暮らしも経験しますが、終生信州と深くかかわりを持った人物でした。「ふるさと」の詞も、彼の故郷豊田村を思い浮かべながらつくったことは想像に難くありません。今でも日本人の多くが、信州に故郷のイメージを抱くのは、彼の想いに影響されているのかもしれません。

「ふるさと」以外にも、このコンビにより、明治の末から大正の初めにかけて少なくとも一〇曲以上の唱歌がつくられたことが確認されています。例えば、「紅葉（秋の夕日に 照る山紅葉……）」、「春の小川（春の小川は さらさらいくよ……）」、「春が来た（春が来た 春が来た どこに来た……）」、「朧月夜（菜の花畑に 入り日薄れ……）」などの名作が次々につくられました。これらは、すべて日本人の里山に対する原風景の基礎となっているといっても過言ではありません。つまり、この二人は近代日本人の里山イメージの形成に当たり、非常に重要な役割を果たしたといえましょう。

（田中伸彦）

2 絵画に描かれた里山

「里山」を、かつて広く成立していた、人の営みと自然環境の調和した一つの空間形式であると考えると、それが昔実際どんな空間、風景であったのかは、絵画などを通してうかがい知ることができます。江戸初期に作成され、江戸という都市を俯瞰的に描いた「江戸図屏風」などでは、その市街部の描写に目を奪われがちですが、周縁部にはしっかり近郊の農村風景が描き込まれていて、興味を引きます。また江戸後期の文人画と呼ばれた池大雅や与謝蕪村らの絵には農村風景（農村というより寒山といった趣の絵も多いのですが）を数多く見ることができます。そこに「里山」を見るのは現代の目ですが、ともかく画面を通して私たちは当時の農家の営みと周辺環境との織りなす風景に思いをめぐらすことができます。

絵画に描かれた、里山と呼ぶべき風景は日本だけのものではありません。例えば十六世紀の北方ルネサンスの代表的画家であるブリューゲルの描く農村風景には、集落と畑や山林、そして農民の姿が生き生きと描かれています。ブリューゲルの絵は、人間中心主義のルネサンスの思潮のなかにあっても、農民の描写は後ろ姿が多く、これは彼の、宇宙の規則（すなわち自然）に従うものとしての人間のとらえ方を表現したものといわれており、自然と対峙するいわゆる西欧の自然観とは異なり、日本の私たちにもすんなり受け入れられる風景を描き出しています。

ところで、描かれた「里山」の見方としては、このように画面に入り込んで風景そのものを知る以外にも、いま里山と呼ばれるような風景がどのように画題に取り上げられてきたか、というやや引いた見方をすることもできます。これまで見向きもされなかった風景に価値を見いだすことは、創作の動機づけの一つといえますが、近代以降そうした目で、なんでもない農村や山林の風景が水彩画を中心に多く主題として描かれるようになります。それは自然主義文学等の影響も大きいのですが、先の文人画など、そうした画題をはぐくむ素地もあったのでしょうか。現在「里山」の典型的空間の一つとして注目されている谷戸の風景なども、例えば太平洋戦争末期に疎開中の画家によってすでに描かれています。「里山」という概念（あるいは問題意識）は、それが失われかけていくこととも関連して意識化された戦後のものといえますが、画家の目には、すでに明治期から風景の主題として映っていたということができます。

右上：「江戸図屏風」（17世紀中）より板橋　　右下：与謝蕪村「宜秋図」（1771）　　左上：ブリューゲル「雪中の狩人」（1565）　　左下：吉田博「五月の田舎」（1907）

（小野良平）

3 お爺さんが再び山へ柴刈りに行く日

「里山」は、そもそもは、単に奥山に対応する言葉として案出されたといわれています。現在では、研究分野、行政目的などによりさまざまな範疇が示されていますが、統一した定義はまだなさそうです。さらに近年、里山が多くの人々に再認識されるに伴い、そこにはさまざまな思いも込められつつあるようです。あえて定義を試みれば、「日常生活および自給的な農業や伝統的な産業のため、地域住民が入り込み、資源として利用し撹乱することで維持されてきた、森林を中心にした景観」といったところでしょうか。したがってよく指摘されているように、里山の範囲には、里山林と隣接し深い関係を持つ集落や耕地も含めて考えるべきでしょう。このように里山は地域社会の文化や人々の生業から大きな影響を受けていて、ことに東アジアでは、この地域に広がる自給的・家族的な農業と不可分に結びついています。さらに里山には、生活のなかの風景としての歴史もあります。例えばカチカチ山や桃太郎を思い出していただければおわかりのように、昔話や説話のなかでも里山は重要な舞台となっています。里山はすぐれて文化的な存在でもあるのです。

「里山」の本質とは、人と森林がかかわり合うシステムであると思います。その意味では、我々が里山として思い浮かべるコナラ林などは、そのようなシステムの表現された結果にすぎないともいえます。ですから里山問題を考える場合は、表層的な植生だけではなく、それを支えてきた人と森林のかかわり合いの構造に目を向けることが大切です。伝統的な利用が途絶えてしまった里山を、今後我々が地域社会のなかで、資源、環境、文化としてどう位置づけし直し、それとどのような関係を再生しうるのかということが課題でしょう。「裏山のコナラ林」を守ろうということは、人々が里山を再認識するための大事な契機ですが、社会全体の理解がそこに止まっていては、里山問題はコナラ林の保全問題に矮小化してしまいかねません。

では、これから誰がどうやって里山とかかわっていったらよいのでしょうか？　広大な面積の里山を持続的に管理していくことを考えると、工事完了でオシマイとなる従来型の公共事業や市民のボランティア・余暇活動などへの依存だけでは展開に限界があると思います。このことから、薪炭利用に代わる現代の里山利用ともいうべき、なんらかの社会的・経済的必然性を持ったシステムが必要であるとして、木質発電の検討なども始まっています。その育成には政策的な応援も必要になるかもしれません。

里山という言葉には懐かしい響きがありますが、現実の里山問題には、表面的な対策では克服できない根深さもあります。単に雑木林を都市計画のなかで残置するとか、コナラ林の美しい森林公園を整備するとかいったことでは、実は里山の保全ではなく、里山の終末処理をしているにすぎないのではないでしょうか。まだ答えは見えていませんが、まず地域の社会が、地域の未来に対する自らの責任と向かい合ったうえで、里山林との新たな関係を模索していく努力が望まれます。そしてそれを通して、かつての里山が持っていた「用の美」のようなものを、いつか新たな里山景観のなかにも再現できればと思います。

（大住克博）

4 狭山丘陵のコナラ林——東日本の里山

東日本の里山を代表するのは、コナラなどの落葉広葉樹を主体とした林です。国木田独歩の「武蔵野」で叙情的に描かれている関東平野の里山の風景にこのような林の典型を見ることができます。この地域では平地にあった林の多くが開発されたため、まとまった面積でコナラ林が残っているのはほとんどが丘陵地や山地となっています。ここでは、東京都と埼玉県の境界にある狭山丘陵を一例として、関東平野の里山の様子とその成立要因について紹介します。

狭山丘陵のコナラ林の高木層にはコナラ、クヌギ、クリなどのブナ科の樹種が優占しており、その下にエゴノキ、ウワミズザクラ、アカシデやイヌシデなどのカバノキ科、エノキやムクノキなどのニレ科の樹種が構成する亜高木層があります。三月下旬から四月上旬にかけて、林床のカタクリやシュンランなどの春植物が開花し、低木層のウグイスカグラやヤマツツジが展葉します。五月には亜高木層の樹木、高木層の樹木も順次展葉を終えて、ヤマザクラのピンクの花が林を彩ります。林が夏の色に変わるころ、エゴノキ、ミズキ、ウツギなどが白い花をつけ、林内に甘い香りを漂わせます。秋には林縁のヤマウルシやヌルデの紅葉、コナラの黄葉が目を楽しませてくれます。

コナラ林の林木は本来、一〇~二五年程度の周期で薪や炭として利用するために伐採され、切り株から多数の萌芽を発生させることで更新が図られてきました。また林床では基本的に毎年、堆肥をつくるために草本層の植物や落葉落枝の採取が行われていました。こうした薪炭林・農用林としての施業は、低木層を欠く独特の林分構造をつくり出し、林内を明るく保つ役割を果たしてきました。しかし、一九五〇～六〇年代の高度経済成長期以降は開発による減少・寸断が続き、残った林も大部分が管理を放棄され、荒れるにまかされるようになりました。草本層から低木層にかけてシラカシ、アラカシ、ヒサカキなどの常緑広葉樹やアズマネザサが成長し、林内の光条件が悪化して、明るい林床を好む草本植物の生育や繁殖が妨げられるようになりました。そしてコナラを初めとする高木層から亜高木層の優占種は耐陰性が低いため、林内で実生からの更新を行うことができません。

狭山丘陵のコナラ林

薪炭林・農用林として長期にわたり維持されてきたコナラ林は、現在大きく変化しています。かつてのような経済的価値は失われても、環境教育、アメニティ、水源涵養、災害防止等の機能を複合的に持っているコナラ林を、多様な生物の生息環境として守り、健全な林として維持していくためにはどうすればいいか、各地でさまざまな試みが始まっています。（洲崎燈子）

5 丹後半島山間部の四季——西日本の里山

西日本の里山を見ると、中心となる集落、農地、その周囲の森林などが一体となって特徴的な土地利用のセットを形成していることがわかります。このような里山の景観は、四季折々に変化する自然と人の営みの相互作用の結果として生まれ、地域独自の自然と文化を継承し続けてきました。

丹後半島山間部の里山（写真左）では、深く積もった雪が解け出すころ、棚田の間を通り抜ける水路の整備や畔の草刈りに忙しい人々を見かけるようになります。春の祭が終わると田植えが始まり、早苗が水面に次々と姿を表します。刈り込まれた畔にはショウジョウバカマやレンゲツツジなどの草木が色とりどりの花を咲かせ、ホトトギスの鳴き声がこだまします。そしてフキやコゴミなどの山菜取りが一段落すると、里山は深い緑に覆われます。夏野菜や蕎麦の収穫の合間に行う水田の草取りも欠かせません。

この地域では一九七〇年ごろまで水田や畑のほか、採草地、陰伐地、かや刈り場がありました。水田が日陰にならないよう定期的に樹木を伐採する場所が陰伐地、有機肥料や牛の飼料となる植物を供給するのが採草地でした。かや刈り場では、かやぶき屋根の材料となるチマキザサ（写真右）を村中総出で刈り取ったものでした。

秋、稲刈りの時期にはヤマボウシやサンショウの実が熟し、やがて山々は美しい紅葉に彩られます。その

京都府宮津市上世屋地区の里山

チマキザサを使ったかやぶき（京都府大宮町）

楽しみも一時、すぐに辺りは真っ白な雪に包まれ、雪囲いをした家の中で厳しい冬を迎えます。でも、冬の農閑期の仕事であったわら仕事や藤織りの苦労話はもう昔のこととなりました。早春にカンジキを履き、煮炊きや暖をとるのに必要な薪を伐採する人の姿を見かけることもほとんどありません。集落の近くで薪として利用されたナラ・シデ類、建築材のアカマツやスギ、竹細工材となったマダケなどの林は、かつて農地だった場所まで広がり、齢を重ねていくだけとなりました。遠くの共有林では、集落が火災に見舞われた際などの復興のため、炭焼きが行われましたが、今やそこに足を踏み入れるのは、都会からブナ林を見にやってくる人です。

里山は、営農の技術、政策の変化やマツ枯れの発生など、社会的あるいは自然的要因が相互に関連し合いながら、その姿を変えてきました。そして今日、過疎化が進み、また人々の生活や関心が里山から離れるにつれて、里山特有の自然や文化が失われつつあるのです。

（深町 加津枝）

6 かつての生活エネルギー源——薪炭林

今、キャンプが大人気です。野外で薪や木炭を使い、飯ごう炊さんやバーベキューをするのは楽しいですよね。今ではこのようにキャンプ場や専門店などでしか見られなくなった薪や木炭（これをまとめて薪炭と呼びます）ですが、これらは昭和三〇年ごろまで私たちの生活を支える欠くことのできないエネルギー源でした。

実は、明治から昭和二〇年代にかけては、木材が薪炭用に利用された量は、建築など一般用材に使われた量の二倍もありました。しかしながら、昭和三〇年代のエネルギー革命により、あっという間にエネルギー源は薪炭から石油に置き換わり、現在の薪炭材の需要は木材全体の一%にも満たない程度になってしまいました。

薪炭を生産するための林を薪炭林と呼びます。その昔、薪炭は料理や暖房など毎日の生活に不可欠なものでしたし、製塩や製鉄といった産業用にも必要とされていました。例えば、江戸時代、ブナ林で有名な白神山地や、たたら製鉄を行っていた中国山地は薪炭生産が盛んな地方でした。このように日常的な利用のため、薪炭林は集落に比較的近いところに位置していました。そのなかでも、薪は重いので集落から近い山で、炭は軽く運びやすいので、薪よりも奥山でつくられていました。

薪炭林は多種多様な広葉樹からなる雑木林です。東日本ではコナラ、クヌギ、ミズナラ、ブナ、カシワ、西日本ではカシ類やシイ類、クヌギ、コナラなどが薪炭林を構成する主要な樹種です。このような広葉樹は伐採してそのまま放置しておくと、切り株から芽が生えてきて新しい木が成長します。これを萌芽更新と呼びます。薪炭林の多くはこの萌芽更新によって、三〇～五〇年サイクルで再生・利用されていました。しかし、薪炭林では適した樹種、適した太さの木々の抜き切りが長い間繰り返されてきたため、薪炭林は一般に中小径木が多く、生産力が低いものになっていきました。例えば、新潟県上越地方には、もともと低い地力や豪雪に加え、長期間にわたり繰り返された伐採のため、細く貧弱な木々が集まる薪炭林が分布しており、地元ではこれをボイ山と呼んでいます（写真）。

ボイ山と呼ばれる低質な旧薪炭林（新潟県上越地方）

さて、エネルギー革命のため薪炭の需要が少なくなってきた昭和三〇年代は、ちょうど拡大造林期に当たり、薪炭林はパルプ・チップ用に伐採された後、次々に針葉樹人工林に置き換えられていきました。それでもなお、以前薪炭林であった林（これを旧薪炭林と呼ぶことがあります）は広く残っており、これが現在の里山を構成する主要な要素となっています。

（松本光朗）

7 怖いところ、でも本当はあったかい——鎮守の森

森に対する人々のイメージを聞き取る調査がよく行われています。世界のいろいろな国の人に森の印象を問うたところ、神秘的、神々しい、奥深いといったイメージを世界中のどこの国の人も持っていることがわかります。つまり、森というのは、少し怖いところであって、かつ神秘的で、まるで神様がいるようなところというのは万国共通認識なのでしょう。

ところで、このおそれ多いという感覚は、人が自然に対して抱く非常に大切な感覚なのです。森のことを知れば知るほど、また自然の奥深さを実感すればするほど、人がどれだけ自然の恩恵を受けて存在しているかが認識されてくるのです。そういう意味では、近年の私たち日本人は残念ながら森から少しずつ遠ざかっているといわざるを得ません。皆さん、一年のうちで森の中に入って行き、森の静けさにふれ、おいしい空気を吸い、森の奥深さにおそれをなしたことが何度あるでしょうか。

おそれ多い森とは、私たちの生活空間にある公園の緑とは異なります。公園の樹林は人が快適に林内散策できるよう、適切に管理されています。下草は刈り払われ、樹種や木の本数もコントロールされています。こういう森ではアメニティは得ることができても、畏敬の念は得られません。

神秘的な森は自然の森と鎮守の森です。自然の森はブナやナラなどに代表される原生林や屋久杉の森など

です。鎮守の森は私たちが幼いころから親しんできた社寺の周辺の森から、春日神社や明治神宮の森、京都の東山の社寺林などです。私たちの子ども時代に遊んだ社寺林は多くの場合、人の原風景を構成します。

清水寺の背景の森

原風景とは、人の心のなかにかけがえのない記憶として一生残るもので、その人の価値観さえも大きく左右します。人が幼少期にどのような原風景を体験してきたかということは、その人の将来にとって重要なことなのです。写真は、お寺の建物と森が一体となって厳粛な雰囲気をとてもよく醸し出しています。このような風景をつくる森は、シイやカシなどの常緑広葉樹林の場合が多いようです。前述した公園のアメニティの高い森は、ナラやケヤキ、モミジなどの落葉広葉樹林で、樹形が優しく明るいのが特徴です。

私たちの心の奥底で息づいている原風景としての鎮守の森、それは自然の大切さと謙虚な姿勢を思い出させてくれるかけがえのない風景なのです。　（香川隆英）

8 我こそが田園風景の主役なり――屋敷林

私たちが毎日生活していくうえで、森や林など緑が目にふれることで、どんなに心休まる思いがすることでしょう。家のベランダから眺める緑、通学・通勤途中に目に入る緑など、毎日の生活のなかでごく自然にふれる緑のことを日常的な緑と呼びます。一方、夏休みに泊まりがけで信州などの高原でふれる緑を非日常の緑といいます。どちらの緑も、人の生活に欠かせないものです。

日常の緑は、あえてそれを体験するために出かけるものではないかもしれませんが、いざそれがなくなってしまうと、なんともいえない喪失感に襲われてしまいます。都会のマンションで生活している人が緑を求めて郊外の一戸建て住宅に越す場合がよくあります。これは、日常の緑の欠乏症からくるものなのです。

非日常の緑は、それを体験するために何年かに一度遠出するわけですが、それにふれることで心が満たされ、また鼓舞されたりします。

屋敷林は、日常の緑の代表選手といえましょう。農村地域では集落があって、その周りを森が取り囲むように存在している風景を目にします（図上）。まるで、樹林地によって集落が守られているようです。実際、強い風を防いでくれたり、気候を和らげたり、水質を保全したりなど環境保全の役割も果たしてくれます。また、集落を樹林地が取り囲むことで、景観的に一体感や収まりが得られ、良質の風景が形成されるのはい

集落を取り囲む樹林地

築地松（島根県）

うまでもありません。このようなまとまりのある森は、集落林といったほうがしっくりするかもしれません。

屋敷林が、その地方の景観を特徴づけている地域があります。図下は、島根県の築地松の例です。この地域では各戸が生け垣の松を直線的に刈り込み、その独特の景観が地域のアイデンティティーを確立しています。このような歴史・文化的景観は集落林の保全対象として価値の高いものでもあります。

屋敷林は、両親の愛のように、日常的に私たちの生活に自然な潤いを与えてくれる、欠くことのできない緑なのです。

（香川隆英）

9 四季の農作業

里山は雑木林や草地、それらに囲まれた谷津田などからなる農村の環境です。集落の近くには畑もあります。人々は雑木林で薪を伐り、落葉をかき、牛馬の飼料となる下草を刈り取っていました。そして落葉を堆肥にし、牛馬に踏ませた草を厩肥にし、薪を燃やしてできた灰までも肥料にして田畑を維持してきました。つまり、里山にあるこれらの環境はお互いにつながり合って、一つの物質循環系をつくってきたのです。

江戸時代には水田に入れる肥料は刈敷《かりしき》が中心でした。刈敷は林から広葉樹の若葉を枝ごと刈り取ってきて、田植え前の水田に敷き込む肥料です。昔話の桃太郎のなかに「おじいさんは山へ柴刈りに」というくだりがありますが、これは肥料用の木の枝や葉を山に刈り取りに行く様子を描いたものです。刈敷採集には水田の数倍の面積の林が必要でした。東北地方では刈敷は使わず、夏の間に草を刈って牛馬に踏ませ、厩肥にしてから田畑に入れていました。春が遅いので、林の若葉が田植えのころには十分に成長していないからです。

牛馬一頭を養うためには約一ヘクタルの草地が必要とされています。また古い時代には屋根はススキでふかれていたので、そのためのススキ草地も必要でした。牛馬に食べさせるまぐさや屋根ふき用のススキを採るために毎年春先に火入れ（野焼き）をします。このときの類焼を避けるため、採草地は集落から離れた場所につくり、村々入会地（各集落の共同利用地）としていました。

田畑へ入れる肥料が金を出して購入する干鰯、油粕、下肥（一九六〇年代までは、人糞尿を手に入れるために、農家は金を出したり野菜と交換したりしていました）に代わっていくと、二次林の利用の仕方は、刈敷採集の場から落葉を肥料（堆肥）にする場へと変化していきました。このときの二次林の必要面積は畑地面積の三分の一から四分の一程度です。

林がこんなに必要なのには理由があります。例えばサツマイモをつくるためには、落葉を詰めた苗床をつくり、そこにイモを埋め込んで発酵熱で芽を出させ、苗にします。またサツマイモを栽培する畑には堆肥が必要です。苗床用と堆肥用、両方の落葉を採るためには、少なくとも畑の半分の面積の林が必要になります。つまりサツマイモ畑を考えれば、土地面積の三分の一が林で三分の二が畑ということになるのです。

一九六〇年代までは耕耘や運搬は畜力に頼っていたので、どこの農家も牛か馬を飼っていました。そのため草刈りが秋までの期間、毎日必要でした。この作業を多くの地域では「朝草刈り」といって早朝に行っていました。農家の人にはまさに朝飯前の仕事だったのです。

冬になると農作業は麦などの栽培を除いて一段落します。そのころ人々は雑木林に入り、薪を伐ったり落葉をかいたりします。林の中は夏の間に草刈りされていますので、落葉かきに邪魔な草はありません。もっともこの作業ができるのは関東以西の太平洋側だけで、東北や日本海側の地域では肥料は夏につくった厩堆肥が中心でした。ここでは夏の「朝草刈り」が雑木林を維持してきたのです。

（守山　弘）

10 氷期の名残——貴重な生態系

放置されると常緑広葉樹林になってしまう地域でも、人手が入り薪を伐られたり落葉をかかれたりすると落葉樹の林になります。そこには氷期から落葉広葉樹林をすみかにしている生き物がすんでいます。

その一つであるギフチョウは春四月に姿を現します。そのころの雑木林は芽吹く前で、日当たりのよい林床にはカタクリなどの春植物が葉を広げ花を咲かせています。これらの植物は雑木林が葉をつける五月には葉を落とします。春植物は落葉広葉樹が葉を広げる前の期間に林床に差し込む光で、一年分の栄養を光合成してしまう、落葉広葉樹林に結びついた植物なのです。ギフチョウはこれらの花で吸蜜します。

ギフチョウの雄は山道や草地など開けた場所の地面すれすれを飛びます。雌は林縁部や伐採跡地など開けた林に生えるカンアオイ類に産卵します。孵化した幼虫はカンアオイの若葉を食べて成長し、六月に蛹になると、翌春に羽化するまで長い眠りにつきます。

ギフチョウが分布するのは常緑広葉樹林林域なので、自然が回復すると、そこは一年中暗い常緑広葉樹林で覆われます。そうなると雄が飛び回る開けた場所も雌が産卵する開けた林も消え、ギフチョウは吸蜜するカタクリなどの春植物とともに姿を消します。

こうした危機は最終氷期が終わって常緑広葉樹が北上を始めたときにもありました。でも花粉分析の結果では常緑広葉樹林が北上した速度は以外に遅く、約五〇〇〇年前の本州内陸部の暖温帯域は、氷期以降続いてきた落葉広葉樹林と、新たに北上してきた常緑広葉樹林が入り交じった世界であった、ということがわかってきました。そのころは縄文中期で、本州ではすでに焼畑が行われていたことが、花粉分析や遺跡の発掘などからわかっています。焼畑跡地にできる林は本州の暖温帯域では落葉広葉樹林です。だから氷期の生き残りたちは焼畑跡地の林から雑木林へとすみ替えられたのでしょう。農業という働きかけが氷期の生き物を守ってきたのです。

イギリスでも、伝統的な農業が衰退したとき、ヨーロッパオオゴマシジミというチョウが激減しました。そのときイギリスは生息地の草地からヒツジを締め出し、そこを保護区にしました。ところがゴマシジミ類の幼虫にはアリの幼虫を食べるという習性があります。アリは明るい草地を好みます。だから牧草地を保護区にした結果、草丈が伸びてアリが姿を消し、それとともにこのチョウは絶滅してしまいました。これを教訓に、別のチョウが減少したとき、このチョウの食草が昔からの二次林に生えることを考え、伝統的な管理を復活させ、このチョウを絶滅から救ったのです。

ヨーロッパも氷期の影響を強く受けているので、七万五〇〇〇年前に始まり、一万年前まで続いた氷期の間に南下してきた生き物が多くすんでいます。そこでも古くから農耕・牧畜が行われてきました。その結果、氷期のような草原や疎らな林が残され、氷期の生き物が生き残れたのです。

（守山　弘）

11 縄文時代にも里山があった

里山っていったいどれくらい昔からあったと思いますか。私たちがふだん目にする里山の風景は、あまりありふれていて意識することも少ないのですが、もちろん初めからそこにあったわけではありません。もともとはその土地それぞれの自然植生で覆われていたはずです。人々は住居周辺の自然から得られる恵みを繰り返し利用してきました。このことによって里山が形づくられ、さらにこれを管理することで維持してきたのです。ですから先の問いは、人々の自然への働きかけがいつごろ強まったかということにもなります。

近年、古代遺跡の研究が進歩し、当時の人々の生活がずいぶんよくわかるようになってきました。特に青森市郊外にある縄文時代前期から中期の遺跡「三内丸山」からは、当時の生活の様子をうかがわせる新しい発見がいくつもあり、それは、狩猟採集生活で未発達な社会であったというそれまでの縄文観をくつがえすものとなりました。復元されて話題を呼んだ大型掘立柱建物を初めとする多数の建造物を建てていたこと、あるいは非常に硬い鉱物であるヒスイに穴を開けていたことだけをとってみても、当時の人々が想像以上に高い技術を持っていたことがうかがえます。

こうした技術を支えた背景として、周りの自然の恵みを生かした豊かな生活があったことが考えられます。出土品から、当時の人々がどのように自然を利用していたのかを探ってみましょう。

まず、食料としては、クリ、クルミ、ミズナラやコナラのドングリ、トチノキなどの堅果類を初め、サルナシ、ヤマグワなど多くの果実を採集していました。特にクリは大量に見つかっており、花粉分析の結果によると出現花粉の大半がクリで占められる層も見られたことから、集落の周りはクリ林で、栽培あるいはそれに近い形で管理されていたと考えられています。また、ニワトコの種子が大量に発見されており、これで酒をつくっていたのではないかということも議論されています。住居には、周りにあるクリの材が使われていました。そのほか、日常の生活用品として「縄文ポシェット」と呼ばれているイグサ科の植物を綾織りに編んだかごなども見つかっています。このように、三内丸山では自然の恵みを巧みに利用していましたが、それだけではなく、積極的に管理も行うことによって定住して暮らしていたのです。

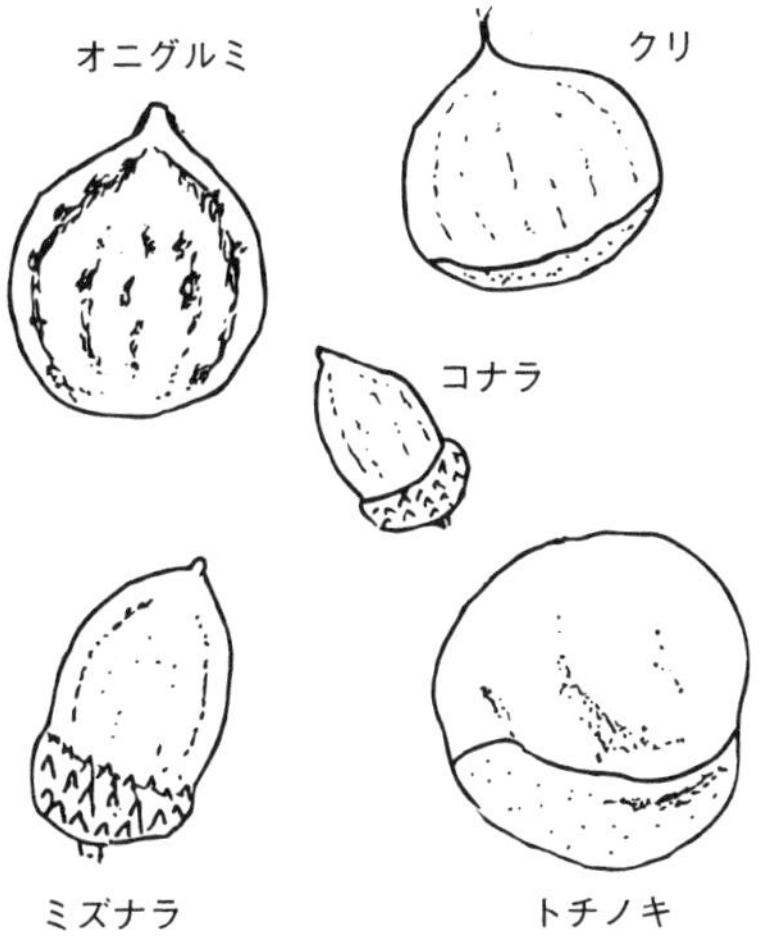

縄文の森のめぐみ（堅果類）

ここでは三内丸山を取り上げて紹介しましたが、全国各地の縄文遺跡でも同様の出土品が見つかっており、新しい縄文社会の姿が明らかになりつつあります。こうした事実から見て、里山の原点は縄文時代にさかのぼるといえそうです。

（池田重人）

12

古墳が語る里山の歴史

里山を散策していると、古墳に巡り会う機会が非常に多いことにお気づきですか？

古墳というと、日本最大の仁徳天皇陵（大仙陵古墳）や高松塚古墳の装飾壁画などを思い出し、ごくありふれた里山とは縁遠く感じられるかもしれません。しかし、実は我が国には大小二〇万基もの古墳があるそうです。もっとも、北海道や東北北部、南西諸島にはありませんが、反対に一つの村に一〇〇基以上の古墳がある場合も珍しくないのです。ちなみに、表に示したとおり観光資源とされる古墳だけでも、北は岩手・秋田県から南は鹿児島県まで全国に万遍なく存在しています。いうまでもなく、古墳とは高く土盛りした古代のお墓です。日本では、三〜七世紀ごろまでの大和王権の時代（古墳時代）につくられました。

実は、里山と古墳とのかかわりは、非常に多面的です。まず、古墳は、ムラの有力者の権威を示すものです。別の見方をすれば、当時古墳の周辺に農耕を営む大きな村落がつくられていたことを物語っています。つまり、古墳は人と森との里山的つき合いがそこで綿々と続いてきた歴史的象徴といえるのです。

次に、古墳の上に飾る埴輪や埋葬する鉄器・須恵器をつくるために、森林からたくさんの燃材を収奪したことが挙げられます。その結果、周辺の森林が照葉樹などの自然植生からアカマツなどの里山植生へと変化した事実が確認されています。つまり、古墳の築造は、今見られる里山植生が全国に広まる大きな要因にな

都道府県ごとの観光対象の古墳数

古墳数	都道府県名
51か所以上	奈良・熊本
41〜50か所	栃木・福岡
31〜40か所	群馬・静岡・京都
21〜30か所	福島・愛知・大阪・兵庫・島根・岡山・広島・香川・大分
11〜20か所	宮城・山形・茨城・埼玉・東京・新潟・福井・長野・岐阜・三重・滋賀・鳥取・山口・愛媛・佐賀・宮崎・鹿児島
1〜10か所	岩手・秋田・千葉・神奈川・富山・石川・山梨・和歌山・徳島・高知・長崎
該当なし	北海道・青森・沖縄

注1：（社）日本観光協会発行の全国観光情報データベースをもとに著者が作成。
注2：「〜古墳群」と記載されているものは全体で1か所とカウントした。

ったのです。

三つ目としては、現在多くの古墳が森林化している点です。もちろん出来たての古墳には木など生えていません。盛られた更地の上に埴輪が飾ってあったのが当初の姿です。その後、時間をかけて木が生え、育ち、今では里山林の重要な構成要素になったのです。

最後に、都市化や耕地整理の影響を受けず里山が良好に保たれている地域では、古墳も良好に保存されている場合が多いのです。古代の「人と森林との共生」の証である古墳という遺跡を里山で保存することも、今後森林管理のうえで重要な課題です。

以上、古墳は悠久から将来にわたる人と里山とのつき合いを次々に思い起こさせてくれます。あなたも今度里山を歩く際には、古墳に立ち寄って想像を膨らませてみてください。

（田中伸彦）

13 「もののけ姫」の舞台──たたら製鉄と里山

日本では弥生後期ごろに製鉄が始まったとされています。鉄は鋤、鍬、鎌などの農耕機具、斧、鋸、鉋などの建築用具を初め、生活のさまざまな場面で使用される道具の材料となりました。鉄を使った利器は生産性を高め、人々の生活を豊かにしてきました。

江戸時代まで、日本で行われていた製鉄法は「たたら製鉄」と呼ばれています。島根県の「菅谷たたら」の復元実験では、原料である砂鉄一六トンと燃料である木炭三〇トンを炉内に交互に積み重ね、大型の鞴《ふいご》で三昼夜送風し、高温で燃焼させることによって鉄を熔かし、精錬します。砂鉄一六トンで約五トンの製品（けら）が得られました。たたらの語源は大型の鞴で送風することによります。時代、技術、炉の規模によって燃料の使用量は異なりますが、たたら製鉄の燃料は常に木炭でした。表にある「倉林たたら」は一トンの鉄をつくるのに二四〇〇トンもの木炭を使っています。古い時期の製鉄法であり、規模も小さいので熱効率が悪いのでしょう。後期の完成されたたたら製鉄技術では鋼を得るための鉧押《けらおし》法でも、銑鉄を得る銑押《ずくおし》法でも三・七トン前後の木炭を使って一トンの鉄を精錬しています。

炭を焼く樹種はいくつかの広葉樹とアカマツです。薪炭林は二〇～三〇年で伐採され、萌芽更新を行いました。このような薪炭林では、一ヘクタール当たりの平均的な幹・枝量は生重量で一六〇トン程度と見積もられています。収炭率が一七%なので、一㌶の薪炭林で約三〇㌧の木炭を焼くことができます。つまり一般的なたたら製鉄の場合は、一㌧の鉄を精錬するため一四㌧の木炭を必要とし、そのために〇・五㌶の薪炭林を

鉄1 tを得るに要する木炭の量と山林伐採面積の推定値

製鉄法	木炭の量（t）	伐採面積（ha）
倉林たたら	2,405	89
たたら一般	14	0.5
菅谷たたら	6	0.2
鍋押法*1	3.72	0.14
銑押法*1	3.66	0.14
鍋押法*2	3.63	0.13
銑押法*2	3.8	0.14

*1前田六郎，*2小葉田淳による推定値。年代，炉の規模，製鉄技術などは無視して，元資料の数字を鉄1 tに換算した。伐採面積は，山林1haより30 tの製炭が可能とした場合の推定値。

伐採することになります。日本の年製鉄量は弥生時代後期に〇・四㌧、律令時代に一一四〜一八四㌧、信長・秀吉の時代に一〇〇〇㌧、明治前期に一万㌧を超えたと推定されています。一万㌧の製鉄を行うには五〇〇〇㌶の薪炭林を伐採し、炭を焼かなければなりません。前述のように、薪炭林は伐った後、回復するには二〇〜三〇年かかりますから、毎年一万㌧の鉄を精錬しつづけるには一五万㌶の薪炭林が必要となります。

原料の砂鉄に比べ、燃料である木炭は重量にして二倍の量を必要とし、かさも大きく運搬に不便でした。このため、木炭の原料である森林のそばにたたら炉を築き、森林を伐り尽くすと別の場所に移動しました。中国や朝鮮半島では製鉄によって、早い時期に森林が伐り尽くされました。日本の森林がこれだけの鉄の生産を支えられたのは、雨の多い気候で森林の回復力が大きかったからなのです。　（斉藤昌宏）

14 昔むかしの里山風景

古代から中世のころの里山のたたずまいを知る史料は少ないのですが、断片的な史料等を総合することにより、当時の里山の景色がある程度見えてきます。

古代から中世の期間は長く、また当時は里山景観といっても地域差が大きかったと考えられますが、古くから人間活動の盛んだった畿内などでは、早くから都市の造営などのために高木の森林は少なくなっていたようです。また、九世紀には河内と和泉との国境で、薪不足のために陶器職人どうしの争いがしばしば発生して大きな問題となったことなどから、そのころすでに燃料さえも不足してきていたことがわかります。

一方、奈良から平安の時代にかけて、畿内全域で何度も森林の大火災があったことが記録からわかります。そのうち、伊賀の真木山で七四五年の春に発生した山火事は一三日間続き、山城と近江にまで燃え広がりました。そうした大きな山火事は、そのころ、その地方では火に強い高木の広葉樹林が少なかったことを示していると思われます。スギやヒノキなどの針葉樹は高木でも火に弱いのですが、当時の畿内にはよい建築用材を得ることのできるそうした針葉樹林は少なかったわけですから、その地域には草原や低木の林がかなり広がっていたものと考えられます。

そのことは、当時の農業技術からも考えられるところです。そのころの肥料は、山野から採取した野草や樹木の若枝を踏み込んだりすき込んだりする刈敷《かりしき》という方法が中心でした。刈敷には多くの野草などが必要でしたから、農地の周辺の山野には草地や低木の林が広がっているところが多かったはずです。中世のころは人口が大きく増加したために食料増産の必要性から農地も拡大し、草地的な里山の植生景観は一層広がっていったものと思われます。燃料用の樹木の需要も大幅に増えたことはいうまでもありません。

　花粉分析や窯跡の炭の調査結果などから、畿内では早くから森林の樹種としてはマツの割合が大きかったと思われます。都市や窯場の周辺など燃料の需要が大きいところでは、より早くからマツ林化が進み、遅くとも室町後期には畿内の広い範囲でマツが優占する林が見られたようです。

　図は、室町後期の町田本洛中洛外図（国立歴史民俗博物館蔵）に描かれた大文字山と吉田神社付近で、当時の京都近郊の里山の景観をよく表していると思われます。すなわち、山の中腹の大きな滝は、広範囲にわたってその滝を隠すような高い植生がなかったことをよく示しています。また、山並みの一部には、わずかですが高木のマツ林が描かれ、図の左下方の吉田神社周辺の広葉樹林と大きな対照を見せています。

（小椋純一）

15 鷹狩りと将軍

　鷹狩りは放鷹（ほうよう）ともいわれ、調教した鷹を使って鳥や小動物を捕獲するものです。冬の渡り鳥が主な対象となるため、訓練は秋口から始まりました。鷹の訓練師である鷹匠（たかじょう）は、鷹を絶食させては獲物にかからせることを繰り返して鷹の捕獲能力を高めながら鷹との呼吸を合わせていきました。使われる鷹は蒼鷹（おおたか）、鷂（はいたか）、熊鷹、隼（はやぶさ）、雀鷂（つみ）などで、野生の鷹を捕獲して使う「網掛（あがけ）」と、巣から捕ったひなから育てる「巣鷹（すだか）」とがありました。

　鷹狩りは中央アジアを起源として、ヨーロッパや中国・朝鮮でも行われていました。日本では古墳時代の鷹匠の埴輪が見つかっています。古代には、鷹狩りは権威の象徴として天皇や貴族だけのものでしたが、中世には武士の間にも広まり、戦国時代には武将たちが領内や敵情の視察を兼ねて行いました。

　徳川家康が鷹狩りを好んだことはよく知られています。一五九〇年に関東着任以来、江戸の周辺地域にしばしば鷹狩りに出かけました。人材の発掘、民情や周辺大名の動向の察知を兼ねたものでした。江戸幕府を開いてからは、諸国の大名・公家たちの鷹狩りを禁止して家康が鷹狩りの権利を独占するとともに、特定の大名などに鷹狩りをする鷹場を貸し与えて、全国統一者としての権威を示しました。

　鷹場は将軍や各大名が鷹狩りをする地域のことで、三代将軍家光のころには江戸周辺の五里以内には将軍の鷹場が、五〜一〇里さらにその周囲には徳川御三家や各大名家の鷹場が割り当てられました。鷹匠・鳥見などの鷹場役人の職制も整えられていきました。鷹匠は、鷹の飼育・訓練とともに鷹の捕獲も行う役職でした。主に下級の旗本がこの任に当たり、多いときには一一六名いたことが確認できます。鳥見は鷹場を管理する役職で三〇名程度が置かれ、これも下級の旗本が当たりました。実際の鷹狩りは、鷹場の村々において秋から冬にかけての収穫のすんだ水田や河川、湖沼の広がる低湿地帯で行われ、冬の到来とともに飛来した鷭（ばん）・雁（かり）・鴨・白鳥などの渡り鳥がその主な対象でした。また、入会の原野でも実施され、鶴・雉子（きじ）・鶉（うずら）・野兎などが狩られました。

五代将軍綱吉の時代には、生類憐（しょうるいあわれ）み政策の一環として鷹狩りは一次中断されますが、八代将軍吉宗はこれを復活します。将軍の鷹狩りは、必要品や勢子（せこ）の調達、鷹場の整備、獲物の確保など、地元の農民にはたいへんな負担がかかりました。それにもかかわらず、吉宗は鷹狩りを繰り返したので「鷹将軍」とあだ名され、「上のおすきなもの御鷹野と下の難儀」と皮肉られるほどでした。

このように鷹狩りは農民には嫌われながらも、吉宗時代を通じて、幕領、旗本領、寺社領などが複雑に入り組んでいた江戸周辺の村々を幕府が統一して支配する新たなシステムとして、鷹狩り・鷹場制度の再編・整備が行われました。村々は支配を越えて「領」という単位で鷹場組合をつくらされ、連帯・結束して鷹狩りや鳥見の仕事に奉仕することになりました。

（加藤衛拡）

16 暮らしのなかにあった里山

近年、環境問題への関心が高まり、エコロジカルな視点から江戸時代に光を当て直そうという試みがあちこちで見られるようになりました。ゴミや下水といった都市問題への処方箋、交通輸送体系、土地利用のあり方など、私たちが江戸時代から学ぶべきことは思いのほかたくさんあります。

こうした見地にたって江戸時代の里山を眺めると、それは太陽からの恵みの大きな受け皿だったといえるでしょう。石油などの再生不可能な資源の大量消費の上に成り立った、ここ一〇〇年ほどの暮らしのなかでついつい忘れられがちですが、わたしたちの暮らしは降り注ぐ太陽光とそれを受け止める大地なしにはあり得ません。里山は太陽からの恵みを受けて生活に必要なさまざまな物資を生み出す宝の山だったのです。

関東平野の平地林を例にとって少し考えてみましょう。関東平野の地形は沖積低地と台地から構成されています。このうち平地林が分布するのは主に台地上です。これには理由があります。

もともと荒涼としたススキの野原だった関東平野の台地に、平地林が成立するのは江戸時代中期以降のことです。年貢増徴を目論む江戸幕府の新田開発政策によって武蔵野台地を初め方々に新田村落が開かれていきました。しかし、ここで問題が起こります。台地の土壌は有機質に乏しいため地力が低く、また、そこで行われる畑作農業は水田農業と異なり、土壌養分の喪失を補塡する仕組みを持っていません。そのうえ冬の季節風は風食の被害さえもたらします。平地林はそこで生産される多量の落葉から堆肥をつくることで肥料の欠乏を補い、また堅牢な防風林によって風食から畑地を守るために、畑地の開発とセットで仕立てられる必要があったのです。

畑作農業にとって不可欠な存在として造成された平地林ですが、それは新田村落に暮らす人々にこれまで述べたほかにもさまざまな恵みの源泉となりました。平地林から採れる薪やそだは日々の燃料として貴重でした。燃えかすの草木灰は肥料として畑地にまかれました。家屋の補修のための材、屋根をふくためのかやも林から手に入れることができました。家畜のための飼料や敷料には落葉や下草を当てました。これらの飼料や敷料の有機質は家畜を経由した後、厩肥として畑地に投入されました。山菜やキノコなどの食料や薬草を採取するのも里山です。こうして羅列しただけでも、関東平野における里山の平地林がいかに生活に密着したものだったかがわかると思います。このような暮らしは、ほんのつい最近まで、さほど変わることなく続けられてきました。

現在私たちの暮らす社会は、自然の生み出す貴重な恵みのわずかなおこぼれを瞬く間に消費してしまいながら回り続けています。現在の里山に江戸時代と同じ意味を見いだすことはかなり困難なことでしょう。しかし、最近の環境問題の解決策を模索するとき、江戸時代の里山は示唆に富んださまざまなヒントを私たちに投げかけています。

（山本伸幸）

17 村人たちの約束事——里山の掟

里山のなかには、地元の人たちが共有林、区有林、部落有林などと呼んでいる森林があります。集落などを単位として村人たちによって共同で管理されている森林のことです。このような森林も、かつては採草地やかや場などの原野だったところがたくさんあったので、法律学などでは入会林野ともいわれます。

江戸時代には、村人の日常領域の外にある奥山は幕府や藩が管理していましたが、日常領域の中にある里山の多くは入会林野でした。村人たちは入会林野を共同で管理し、肥料としての草や落葉、燃料としての薪、屋根材料としてのかや(ススキなどの草本類)、家をつくるための木材などの資源を採取して、農業経営や生活のために利用していました。その見返りに、かれらは共同作業に出なければなりませんでした。

林野の資源が枯渇すると生活が維持できなくなりますので、資源を持続的に利用することが必要でした。結果的にはそれが環境保全にも役立ちました。そのために、規約をつくり、採取の時期や使用できる道具、採取量などの制限をしました。なかでも、草はかつての日本農業にとって最も重要な肥料源でしたので、採草についての約束事が目立ちました。水田の元肥になる刈敷《かりしき》(草や小枝)は田植え前の時期に開始日が決められ、これを「山の口開け」といいました。また、開始時刻を午前五時などと決めることもありました。使用道具については、建築用材ではあまり制限はありませんでしたが、草の場合には鎌《かま》のみ、薪の場合には鉈《なた》と鎌のみしか使用できないというような制限がありました。採取量については、一日で家族一名あるいは馬一頭で運べる量に限られたり、採取したものはその日のうちに運び出さなければならなかったりという制限がありました。そのような取り決めに違反した場合には除名を含む処罰の対象となりました。

そのような約束事も、資源の再生にとって問題が起こらないときには口約束だったり、緩い制限にすぎなかったりしたのですが、人口の増加や商品経済の浸透などによって資源の需給状況が逼迫すると、明文化されたり、制限がだんだんと厳しくなっていったりしたのです。

江戸時代の中期から幕末にかけて、近畿地方や瀬戸内地方などでは木材や木炭の販売が盛んになると、約束事が守られなくなるなどして入会林野が解体し、従来は屋敷や農地の周りくらいにとどまっていた個人持山が増え始めました。さらに、明治時代になって近代的土地所有制度が確立すると、地租改正、町村制や部落有林野整理統一事業などの政策によっても、入会林野の解体が推し進められました。しかし、草や薪炭が生活のうえで必要な場合には、村人たちはなんらかの形で入会林野を維持しようと努力しました。

入会林野の利用が大きく衰退したのは高度経済成長期以後のことです。草だけでなく薪や木炭も利用されなくなるとともに、村人たちの生活が賃労働を中心とするものに変わってしまったからです。そのため、規約などの約束事は現在でも残ってはいますが、資源の利用については形骸化してしまったといっていいでしょう。そして、共同作業も著しく減少し、管理が行き届かなくなってきています。

（三井昭二）

18 里山の価値が見えなかった？

一九五〇年代ごろまで、全国の一般的な家庭の燃料は木炭や薪でした。七輪に炭をおこし、三食の煮炊きをするのが当時の家庭の主婦や子どもたちの日課でした。この大切な炭を供給していたのは農山村の林家でした。彼らは、貧しいながらも、さまざまな形で里山の「幸」の恩恵を受けていました。山菜、果樹、木材、草などなど。木炭を焼く広葉樹（ナラやクヌギなど）もその一つでした。林家の人々は、里山の広葉樹を必要なぶんだけ伐採して炭を焼いていました。伐採した後の広葉樹林は、萌芽更新といって自然の力で再生し、二次林、三次林として広葉樹の山を維持していたのです。

当時、農山村の生活は自給自足経済が中心で、炭を焼くのは重要な換金手段でした。町場から商人がやってきて、林家の焼いた炭を買っていったのです。ところが、一九六〇年代に入ると、ガスや電気などの普及によって、炭や薪の需要は急速に減りました。おりしも、紙・パルプの原料が、それまでのマツ類やブナの利用から、広葉樹の利用へと大きく転換しました。さらに、このころから農山村では自給自足経済が崩れ始め、しだいに貨幣経済の波に洗われるようになりました。

こうした時代の流れのなかで、たいていの農山村では、「前生樹処理」（当時は「低質広葉樹」と呼ばれていました）のために大量の広葉樹が伐採されました。そして、広葉樹の伐採跡地にスギやヒノキの針葉樹が植えられたのです。一九五〇年代～六〇年代は、我が国の高度経済成長の真っただ中でした。木材の需要が年々増加し、これに対応する形で、里山の多くがスギやヒノキの人工林に変わっていったのです。小規模農林家は、暇を見つけてせっせと里山の広葉樹伐採跡地に植林しました。三〇年、四〇年後にきっと宝の山になることを夢見て。

現在、こうした里山の植林地も含め、我が国には一〇〇〇万ヘクタルにも及ぶ人工林が造成されました。しかし、安い外材の輸入や労働賃金の上昇などによって、せっかく植えたスギやヒノキを伐採しても、あまり実入りのいいものにはならなくなりました。下手をすれば、伐採しても赤字になりかねない危険性すらあります。この結果、自分の山に、何年生のスギやヒノキがどれだけ植えられているのかわからない林家の世帯員が少なくありません。隣の山との境界線すら知らない若い後継者も珍しくありません。針葉樹で覆われた里山に対する関心が希薄になったのです。

今、空前の里山ブームです。さまざまな恵みをもたらしていた里山を、スギやヒノキ一辺倒の人工林に変えたのはけしからんと指弾する人々も少なくありません。しかし、戦後の一時期の農山村の状況を冷静に見つめれば、当時の農山村民に対して、「里山の価値が見えなかったの?」と詰問するのは酷というものでしょう。批判ばかりではなく、新しい形の里山管理の方法を国民レベルで考えることが大切と思いますが、いかがでしょうか。

（遠藤日雄）

19 再び表舞台へ——新たな里山利用

一九六〇年代以降になると化石燃料や化学肥料が普及するなど、生活や農業経営のスタイルが大きく変化し、人と里山の結びつきは急速に薄れました。今日では、利用されずに放置されている広大な里山の光景をよく目にするようになりました。その一方、新たな里山の活用法も見られるようになりました。園芸用の腐葉土の生産過程では落葉が不可欠であり、里山広葉樹林の新たな利用形態として注目できるのです。

腐葉土の需要は、家庭園芸や緑化事業、あるいは有機農業、施設園芸に対する関心の高まりを背景に一九七〇年代以降急速に伸びてきました。腐葉土の生産は、クヌギやコナラなどの落葉広葉樹林の落葉を農家などが採集し、落葉の収集と加工を腐葉土生産業者が行うという分業によって成り立っています。落葉採集の対象となる里山広葉樹林は、主に日当たりがよく平坦で近くに道があるなどアプローチや作業がしやすい場所です。落葉採集をする際には、まず作業を容易にするための下刈りが必要です。熊手などを使って袋に詰められた落葉（写真上）は、一輪車などで周辺道路沿いに搬出されます。里山を出発点とした落葉は、業者により腐葉土に加工され（写真下）、問屋、園芸専門店などを経て消費者のもとに届くのです。

落葉採集が行われる里山広葉樹林は、ササや低木が少なく林内がすっきりときれいに保たれています。ところが、利用されなくなるとササや低木が繁茂し、多くの場合、数年間で足を踏み入れるのが困難な状況になります。人が踏み入ることが困難な里山広葉樹林は、人を物理的に遠ざけてしまうだけでなく、精神的なつながりさえ絶ちかねません。しばしば里山を歩いていて目にする不法投棄のごみの山、手入れされずに放置されて荒廃した植林地などはその代表例といえます。

今後、このように荒廃する里山を生きた里山に変える新たな仕掛けがなければ、独自の自然と文化を継承してきた里山を失ってしまうことになるかもしれません。ここで取り上げた腐葉土生産は、人と里山の新たな結びつきを考えるうえで大きなヒントとなるでしょう。

しかし、この結びつきも、落葉の採集者と採集適地となる里山なくしては存続できません。結びつきをより確かにするには、今後も里山利用が積極的にできるような対策をし、落葉採集にほかの利用法をうまく組み合わせるなど、里山を複合的に利用する必要があるでしょう。

（深町加津枝）

落葉採集（栃木県市貝町）

腐葉土への加工

20 外国にも里山はあるの？

　人間の生活には炊事や暖房に燃料が不可欠なので、気候が厳しくて森林が成立せず家畜の糞や泥炭を利用しているようなところを除けば、人間の住むところならどこにでも、薪や炭を生産する、または、していた里山があります。例えば、ロンドンの郊外にエッピング・フォレストという広大な森があります。現在は森林公園として市民に利用されていますが、地上二メートルくらいの部分から多数の幹を林立させたブナの大木群があり、なかなか見ごたえがあります。これは、かつて薪や炭を生産するため、その位置で伐採と萌芽更新が繰り返されていたことを示します。ポラード（台仕立て）というこの方式は、切株からの新芽をシカやノウサギに食われるのを避けるためで、日本でも各地の里山でその名残が見られ、情報交換のなかった時代に地球の反対側で同じことがされていたのは興味深いものです。ブナやミズナラの種子が実るころにはブタを追い込んで太らせたりもしていました。エッピング・フォレストの一角には薪炭生産が盛んだったころの資料を展示するビジターセンターがあり、当時、各地の里山を移動しながら炭を焼いていた人々の草木でふいた粗末な仮小屋や伏せ焼きの野外展示もあって、焼き方こそ違ってもやはり日本と似通っていて感動します。

　地方の町や村の周辺にも、コピス（雑木林）があちこちにあり、根元で株立ちしていたり、台仕立てが見られたりで、すぐに里山だとわかります。フランスやベルギーなどの都市周辺や地方にも里山はあり、セーヌ川の上流から薪を満載した船が次々とパリに到着する様子を描いた当時の絵なども残っています。

しかし、日本を初め先進工業諸国では、第二次世界大戦後急激に電気やガス・石油燃料が普及したため、里山はほぼ同時発生的に放置されるようになりました。その結果、いずれの里山にも草木が密生し、林内が薄暗くなっています。ですから、イギリスへ行って「日本の里山は暗くなり、花も咲かなくなったよ」というと、「なんだ、イギリスと同じじゃないか」ということになります。クリ、シデ、ハシバミなどの雑木林で構成されるイギリスの里山もかつては明るく、春がくるとブルーベルやイチリンソウなどの野生の草花が林床一面に咲き、これらの花蜜や葉を食物にする昆虫が、さらに、これを狙って野鳥が集まるという具合に野生生物の天国でもあったのです。このような里山をボランティアでもう一度復元しようと、イギリスでは日本より二〇年くらい早くから、BTCVのような市民トラストが里山管理に取り組んでいます。

薪炭林のおもかげをとどめるロンドン郊外のエッピング・フォレスト

日本やイギリスでは現在ほとんど薪や炭を使用しませんが、世界の木材生産のうち今も五〇%あまりが燃料用です。アジアや東ヨーロッパの国々では、今なお里山は現役なのです。

(重松敏則)

II　里山の立地・環境・制度

21 里山の土地環境

丘ともいえそうな、比高が大きくなく懐も深くない山並み、その前面に広がる水田や畑、沢沿いに奥へとのびる谷津田。里山といって多くの人が連想する風景は、低平な平野部の縁辺、ないしは幅広い谷が広がる丘陵地のなかで一般的に見られます。

これらの風景を構成する地形的特徴のなかで、低平な土地は地質・地形学的に見れば沖積低地または洪積台地と呼ばれ、過去数百年から数万年の間に主として川によって運ばれてきた砂や粘土や砂利が堆積することによって形成されました。一方、高くない山は、新第三紀（約二〇〇〇万年前から二〇〇万年前）ないしは第四紀（約二〇〇万年前以降）に堆積した地層や風化が進んだ花崗岩類で成り立っています。例えば、関東平野や大阪平野周辺の丘陵地は新第三紀や第四紀に堆積した地層によって、濃尾平野東部の瀬戸、多治見周辺の丘陵地はこれらの地質に加えて風化の進んだ花崗岩類によって成り立っています。瀬戸内海沿岸の低山地も花崗岩から構成されているところが多いようです。

これらの高くない山を構成する地質に共通する一番の特徴は、「堅くない」ということです。一般に、堅い岩石は金づちでたたくと「カンカン」という音を立てます。これに対して、里山を形づくる地質は「ブスッ」という鈍い音を立てるのが関の山です。これは、これらの地質が完全に固まってなく、隙間が多く、水を含みやすいという性質を持っているためです。このような地質は、傾斜の急な高い山を形成するためには強度が足りず、必然的に比高が小さく、斜面長の短い山を形成することになります。昭和初期の地球物理学者寺田寅彦のいう「三寸角の豆腐はその形を保つことができても、一里四方の豆腐は自分自身の重みで崩壊するほかはない」のと同じことです。

また、これらの性質のために降水が地下深くまで浸透することから水系があまり発達せず、その結果、幅広い尾根や山ひだのきめの粗い斜面が形成されます。さらに、このような地質に加えて、東北、関東、九州地方では火山噴出物が緩傾斜の斜面をマントのように覆って、里山の地形の特徴をより際立たせています。なお、中部、近畿、瀬戸内の風化した花崗岩からなる里山では、新第三紀層、第四紀層からなる里山に比べて、山肌のきめが細かく、尾根筋も狭く急峻です。このような特徴は風化花崗岩の山地に多く発生する表層崩壊に起因していると考えられます。

ここで示した里山を形づくる地質が堅くない、大きな起伏がないという特徴は、人口の密集する平野部の周辺に里山が分布するという立地条件ともあわせて、里山の減少の原因となっています。重機による土地改変が容易なために、増加する都市部の人口を吸収するためのニュータウンの建設用地とされ、多くの里山が住宅地として姿を変えてきました。人間の活動は里山に生育する生物だけでなく、その生存環境そのものの維持にも大きく影響を与えているのです。

（吉永秀一郎）

22

黒色土は先史文化の遺産

関東地方を初め東北地方や九州の火山山麓、台地、丘陵を中心とする里山には、表土が黒〜漆黒色を呈するいわゆる黒色土、別名黒ボク土がモザイク状に出現します。この黒色土は先史以来の人の営みと密接な関係のもとで形成されたと考えられており、過去一〜二万年間の先史文化に対して黒色土をつくり上げた文化という意味を込めて「黒ボク土文化」と呼ぶ研究者もいます。

では先史時代の人々の営みがどのようにして黒色土をつくったというのでしょうか。それは、黒色土の漆黒の表層土を分析することによって明らかになりました。

土壌中には、過去に植物によってつくられたプラントオパール（写真上）や花粉などの微粒子が多量に含まれており、それを分析することによって、その場所に生えていた植生の歴史を復元することができます。また、最近では土壌有機物の炭素安定同位体分析を行うことによって、土壌の有機物がどのような種類の植物からできたものであるかも推定できるようになりました。

これらの分析結果から、漆黒の表層土はススキ、チガヤなどイネ科植物由来の有機物からできていることが、次々と証明されています。日本列島のように温暖で雨の多い気候下では、ススキやチガヤの草原は森林伐採跡地に先駆植生として一時的に出現することはありますが、長年月持続することはありません。自然状態では、植生遷移によって間もなく照葉樹林や落葉広葉樹林に変わります。

ところが、特に里山に分布する黒色土の有機物は数千年の間連続してススキ、チガヤの草原であったことを示しています。それは先史以来、里山に住む人々の生活が森とともにススキ、チガヤ草原を必要としていたため、人々がそれを維持管理したからだと解釈されています。旧石器時代を含め森林とともに草原を維持利用してきた日本の先史文化が黒色土をつくり上げたというわけです。

過去数千年来、黒色土の成因となった草原は現在急速に失われつつあります。でも、一部の地方ではススキ草原を維持するために、夏の草刈り、早春の火入れが年中行事として行われています（写真下）。

里山のススキ草原も日本文化の遺産として後生に残したいものです。

（河室公康）

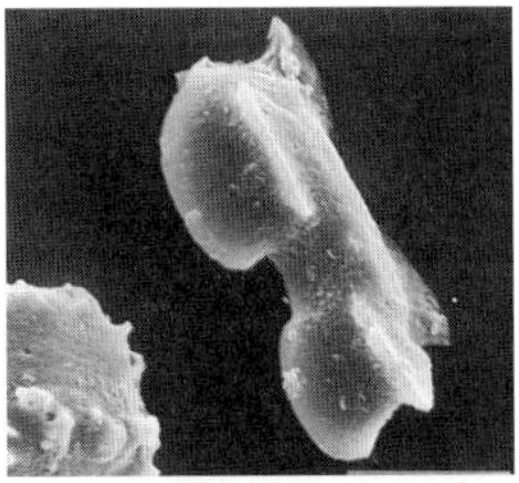

ススキ葉から分離されたプラントオパール

九州阿蘇地方の野焼き（撮影 宮縁育夫）

23 はげ山の名残——天井川と未熟土

日本で最初の鉄道トンネルは明治三年に大阪－神戸間に完成しましたが、それは六甲山から大阪湾に注ぐ芦屋川の川道下をくぐるという変わりダネでした。このトンネルそのものは現存しませんが、ＪＲ東海道線の草津駅付近（琵琶湖に注ぐ草津川）やＪＲ奈良線の複数箇所（木津川の支流の青谷川、不動川など）には今でも川をくぐるトンネルがあります。

トンネルと里山に何の関係があるのかと思われるかもしれませんが、これらの川に共通する特徴は「天井川」であるということです。川の上流から多量の土砂が流れてくるとそれが川底にたまり、川が氾濫しやすくなります。氾濫を防ぐために堤防を高くするとそこにまた土砂がたまり、また堤防を高く……と繰り返され、川道が天井より高くなってしまった川、それが天井川です。天井川の存在は上流から多量の土砂が供給され続けたことを物語っており、つまりは山が荒れていたことを意味します。

京阪神周辺から瀬戸内地域にかけては古くから文化が栄え、里山の森林にも繰り返し人手が加わってきました。用材や燃料材として樹木を伐採するだけでなく、肥料としての落葉の採取、さらに根株の掘り取りから陶土や石材の採取など、里山は丸ごと利用され尽くしたといえます。その結果、広い範囲の里山がはげ山と化し、そこから流出した多量の土砂が天井川をつくったのです。

侵食の進んだはげ山（神戸市六甲山）

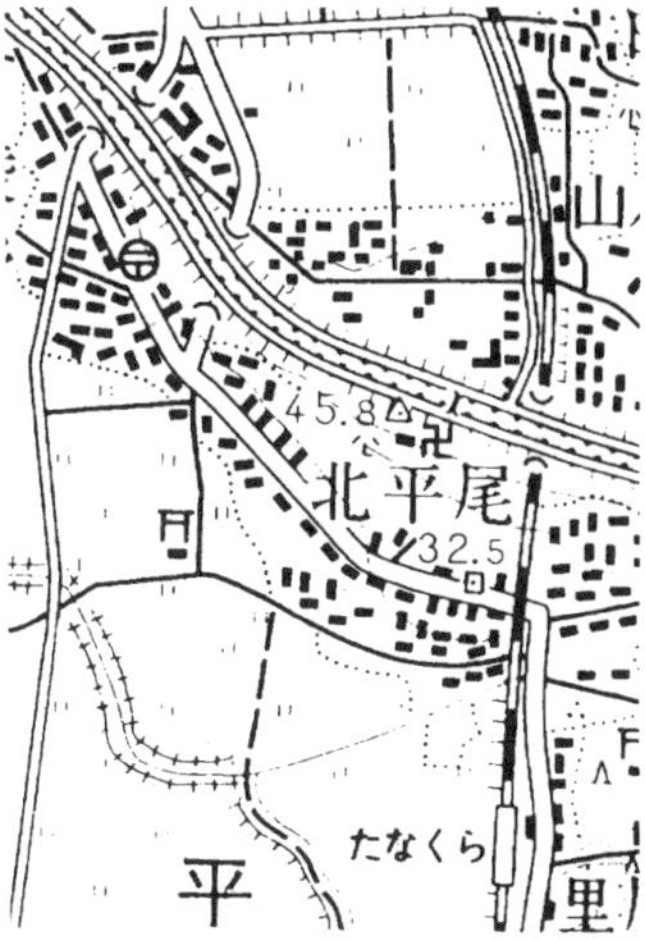

天井川の下をくぐる鉄道と道路

明治～昭和にかけて多くのはげ山で植林が進み、現在では山肌が露出しているような場所はほとんどありません。しかし森林が回復したように見えても、それを支える土はまだまだ未熟です。

ふつう森林下の土壌には、落葉層のすぐ下に数十ミリの厚さのふかふかした黒っぽい腐植土層があるものですが、はげ山化した場所ではその腐植土層が侵食されてしまい、砂や石が多い堅密な土になっています。この未熟な土が一人前の土に成熟するまでには数千年単位の年月が必要であるといわれており、はげ山化した代償はあまりにも大きいことがわかります。

表土が洗い流された未熟土、その洗い流された土砂によってできた天井川、これらは里山への過度の人為干渉の名残であり、同時に未来への教訓でもあります。

（鳥居厚志）

24 ため池・小川のある風景

流れ三尺にして水清しといわれた我が国の河川は、古来、清澄な水が流れていました。うっそうと茂る木立の影を川面に映している水辺の風景の多かった昭和三〇年代後期は、まだ、全国的に湖沼、ため池、小川などで泳げました。しかし現在、多くの湖沼や河川で水質汚染と水辺の生態系の衰退が進んでいます。

一三〇〇年ほど前に香川県につくられた満濃池を初めとして、我が国では古くから里山地帯にため池がつくられています。雨の少ない地方では、ため池は人間が生活するために必要なものでした。ため池の水は農業用水、生活用水として利用され、また、ため池で繁殖したコイやフナなどの魚は農村の貴重なタンパク源になりました。小川の水は農業用水、生活用水、水車小屋の製粉機の動力として多目的に利用されました。ため池や小川の水辺には草や樹木が茂り、水神が祭られて護岸堤の役目を果たしていました。

ため池の集水域には水源を守るために森が残されています。森からは薪炭材や堆肥用の落葉、山菜、キノコ、木の実などの採集も行われました。このように、里山地帯のため池や小川は集落の生活には必須のものであり、その環境を健全に維持するための保守作業が昔から続けられてきました。しかし、昭和四〇年代以降、農村部においても上水道、プロパンガスなどの普及によって生活形態が近代化した結果、ため池や小川に生活用水を依存する必要がなくなり、里山から薪炭材を切り出すことも不要になりました。その結果、里山、ため池、小川は人間にとって身近なものではなくなりました。そして、手入れ不足になった里山は荒れ、ため池や小川は減少し、残っている場所では水質汚染が進んでいます。

ここ数年、里山地帯の自然破壊を反省する世論が高まり、水辺に親しむ場所の造成も盛んで、河川の護岸堤のコンクリートをはがして、元の植生を復活させる試みが一部で始まっています。

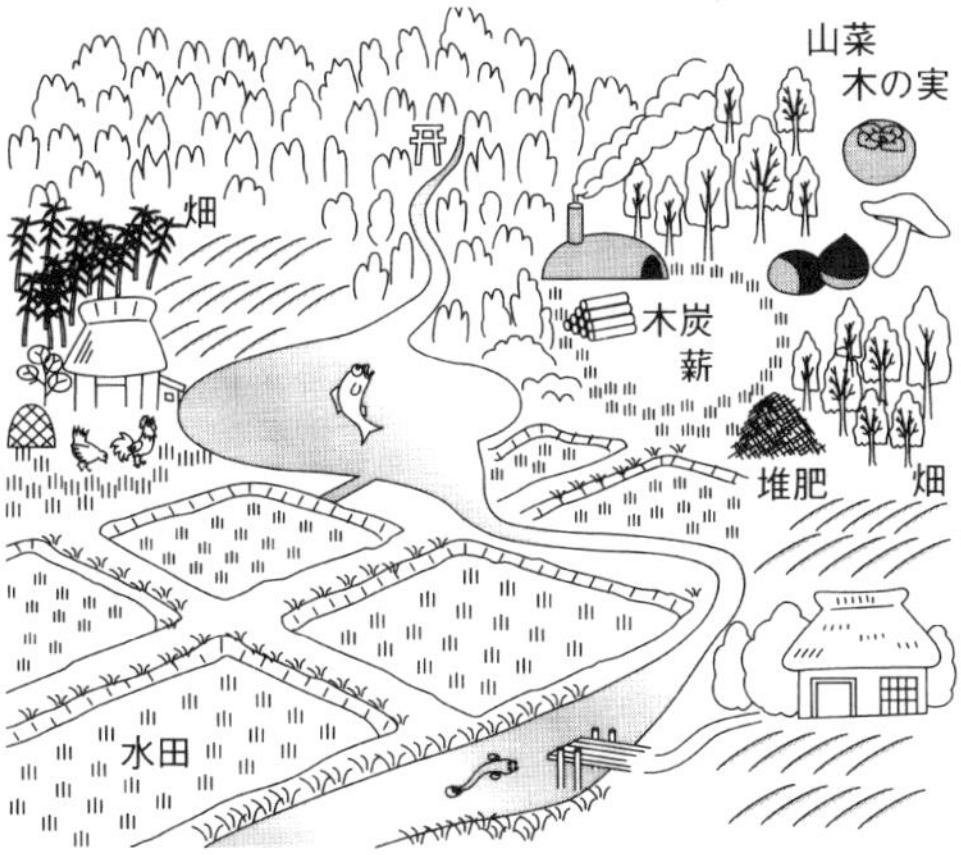

自然度の高かったころの農村

水辺にある葦原や河畔林は水質浄化機能、魚つき機能、土砂の流入防止機能を持ち、また、野生生物の生息や繁殖や移動の通路でもあり、その多様な機能が見直されています。

古代マヤ文明では、チナンパ農法（畑の周りに水路を張り巡らせ、水路の底にたまった有機物は畑の肥料にし、水路では魚を養殖してタンパク源とし、周辺の熱帯林をむやみに焼畑で荒廃させない）という資源循環型の持続的な農業で熱帯林が守られていたようです。我が国でも、里山地帯で何百年も集落が存続できたのは、里山、ため池、小川の自然を人手をかけて守ってきたことによって持続的な食料生産が維持されたからと思われます。

（吉武　孝）

25 渓流と森林

里山を流れる渓流両岸には、たいてい渓畔林が茂っています。渓畔林を構成する樹種は、谷底から谷壁に向かって徐々に変化し、冷温帯の狭い山地渓谷部を流れる小渓流沿いにはトチノキ、カツラ、サワグルミなどが生育しています。渓流の水面は渓畔林の樹冠によって覆われており、太陽の光は遮断され、木もれ日が差し込む程度で川の表面は暗くなります。北海道の渓畔林では、夏の間、日射量の約八五％がカットされ、直接水面に到達できるエネルギー量は一五％程度です。

この日射遮断によって、夏の川の水が最も少なくなる時期でも、山地上流域の渓流水温は低く保たれ、渓流内の石礫に付着する藻類の繁殖は抑えられます。水温の低い渓流にはイワナやサクラマスなどの魚がすんでいます。

渓畔林が日射を遮断する山地の渓流では、水生植物による光合成量は極めて少なく、エネルギーの大部分を渓流外で生産される有機物に頼らなくてはなりません。このエネルギー源のほとんどが秋に渓畔林から落とされる落葉なのです。落葉は可溶性物質が溶け出した後、微生物、特に菌類が付着し、最終的に水生昆虫によって摂食されるという過程をたどって分解されます。渓流中の落葉分解速度は樹種によって違います。窒素分の多いハンノキ属やシナノキ属が最も分解されやすく、カエデ属、シラカンバ属が中程度、斜面の老齢林に見られるコナラ属、ブナ属などの葉は分解に時間がかかります。また、草の葉も分解速度は一般的に速いようです。

渓畔の水辺に張り出した樹木の枝からは多くの陸生昆虫が落下します。落葉の流出が進み、水生昆虫の現存量が少なくなる夏の間、渓畔林から落下する陸生昆虫の量は逆にピークになります。渓流内が貧栄養状態のこの期間、落下昆虫は魚類の栄養を補う重要な食物源になると考えられ、渓流は巧みに栄養のバランスを保っていることがうかがえます。

秋の落葉や夏および融雪時の出水に象徴されるように、渓流への落葉の供給はある一時期に集中し、突発的に運搬されます。その結果、渓流内に貯留される落葉量の変化も急激です。一方、階段状の瀬と淵の繰り返しに代表される渓流内の微地形は、渓畔から倒れ込んできた倒木や川底を構成する大礫によって形づくられています。

上流から流されてきた落葉は、こうした障害物、例えば倒木やその枝にからみついて捕捉されたり、突起している礫裏に重なり合ったり、また淵や流速の遅くなった渓岸・砂礫堆沿いに多く貯留されたりします。渓流内の複雑な微地形や倒木などの障害物は、集中して流下する落葉や栄養塩などの流下物質を一時的に保持し、ゆっくり流出させる機能を持っています。また、倒木によって形成される淵は魚類の生息場となることが知られています。

（中村太士）

26 谷津田は動植物の宝庫

雑木林に囲まれた凹地の頭にはため池があり、その下には不整形な谷津田が並んでいます。谷の幅に応じて真ん中にかんがい水路があったり、田越しかんがいであったり、谷津田は形も大きさもさまざまです。ここは一年中水がたまっていて水はけが悪いのに、イネをつくると水不足となります。日陰が多いのでイモチ病になりやすいことも稲作に向いていません。そして、雑木林の斜面から湧き出るわずかな水は一年中同じ温度で、冬は暖かいがイネをつくるには冷たすぎます。そのため、農家は湧き水が直接水田に入らないように水田周辺に溝を掘り、湧き出した水がその水路を一回りしている間に暖まってから田んぼに入れます。この溝が、動植物の宝庫です。

メダカ、ドジョウ、アカガエル、イモリなどがいっぱいいて、子どもたちが網を持って集まります。子どもたちばかりではなくヘビやトビもやってきます。水の中にはクロモ、スブタ、ミズオオバコなどの水草が生え、土手の近辺にはミソハギ、アギナシ、ワレモコウ、タコノアシなどが生えます。山菜となるゼンマイ、ギボウシ、ツリガネニンジン、クサボケ、アケビなどの生育地でもあります。もう少し大きな小川にはマシジミ、ホタル、フナ、クチボソ、ウナギ、ナマズなどもいます。畦畔ではヒバリが鳴き、モグラやキジも歩きます。谷をわたるタヌキやキツネにも会えるかもしれません。

労働生産性が低いからと、ここが休耕になったらどうなるでしょうか？　溝は埋まってしまい、水草や小型の植物はなくなってしまいます。コリドーとしての畦畔はセイタカアワダチソウ、ススキ、クズなどの大型の雑草に覆われ、動物が通れなくなります。水面が見えていた水田はアメリカセンダングサ、セリ、ヨシ、ガマなどで覆われ、そのうちヤナギやハンノキの群落となります。マムシやシマヘビは餌が捕れなくなり、サシバも水面が見えなくて狩りができなくなります。中山間の谷津田の多様性は、農家の人たちが耕し、溝を掘り、定期的に草刈りをすることによって守られているのです。

谷津田の風景

特殊な環境にしかいないものを保護することも大切でしょうが、誰もが見てきたこうしたふつうの環境から動植物が消えて、今や絶滅危惧種となっているものがたくさんあります。これらの動植物の保全は自然の成り行きに任せていてはできません。長い歴史のなかで農作業やイネとの共存に適応したさまざまな種は、こうした人為的な環境下にしか住めないことを理解すべきだと思います。中山間地の農業の直接補償の一つに「生物多様性の維持への貢献」を位置づける必要があります。

（伊藤一幸）

27 谷津田と棚田

里山は読んで字のごとく里の周辺にあります。里はもちろん人が住む場所ですが、そのためには衣食住が必要です。このうち食を得るために、人々は縄文の昔から農地をつくり、耕してきました。

日本で農業といえば、多くの人はまずコメ、水田を思い浮かべるでしょう。今日、広大な水田地帯が関東平野や濃尾平野、新潟平野など大きな河川沿いの平野に広がっています。しかし、大河川は大きな洪水を引き起こすためその周辺を水田にすることは難しく、広大な水田地帯がつくられたのは、土木技術が発達した江戸時代になってからのことです。では、その前はどこでコメがつくられていたのでしょうか。日本の稲作は今から二〇〇〇～三〇〇〇年ぐらい前に始まったといわれていますから、江戸時代までには一五〇〇年もの年月が流れているのです。

実は、最も早く水田がつくられたところは里山の谷津田ではないかといわれています。谷津田は、丘陵地や台地を刻む谷の底を水田にしたものです。このような場所は水害の危険性が低いだけでなく、谷の奥から地下水が湧き出すため、水田に水を引くことが容易にできます。また、谷津田の近くには林や採草地があり、水田や畑に入れる緑肥としてのかやや、田畑を耕すための役畜である牛や馬の餌（草）を採るにも便利だったようです。かやや草の刈り取りや運搬は農家にとってとてもたいへんな仕事であり、それらを採るための林野が近くにあるということは、自動車や化学肥料がない時代にはとても重要なことでした。

谷津田と同じように古くからつくられた水田に棚田があります。急な傾斜地につくられた棚田が古い時代から続いたものだとは考えにくいのですが、平野が少なく歴史が古い西日本では鎌倉時代に棚田が増えたという報告がありま す。日本の棚田は新潟県の東頸城丘陵に代表されるような地すべり地帯に多いといわれています。地すべり地帯では、地すべりによってつくられた保水性に富む緩斜面が水田をつくるのに適していて、小さな沢や山腹の湧水から水田に水を引いていま す。

里山と谷津田（埼玉県嵐山町）

このような谷津田や棚田は、現在、危機的な状況にあります。これは、水田の区画が小さい、農道がつくりにくい、農家から遠いなどの悪条件によって大河川沿いに広がる平野よりも稲作を続けるのに多くの労力を必要とするからです。里山と結びついた古くからの日本人の生活を代表する谷津田や棚田の風景を守るための方法を、今、考える必要があります。（山本勝利）

28 牛で草地をつくる

かつて、全国各地に広大なシバ草地がありましたが、近年、外来の寒地型牧草を用いた人工草地の利用が増え、シバ草地の面積は急減しています。両草地の生育特性を比較してみましょう。

寒地型牧草地はシバ草地の三～四倍の生産量がありますが、施肥せずに利用を続けると牧草は衰退して草地は荒廃します。また、冷涼な気象条件では生育は良好ですが、高温では生育が抑制されるので、暑い地方では寒地型牧草地の維持は困難です。これに対してシバは、北海道から沖縄まで広く分布し、夏の暑さにも強く、放牧さえ続けていれば維持できます。シバ草地ではオキナグサ、マツムシソウなどの美しい花が咲き、景観としての価値が高いので市民のシバ草地を守る運動が活発になっています。最近は里山における肉牛用の草地として再評価され、シバの栄養茎を人力で移植して造成していますが、移植代と苗代が高く、播種による簡易な造成法が求められています。ところが、シバ草地を種子から造成しようとするとなかなか難しいのです。では、どのようにして広大なシバ草地が自然に形成されたのでしょうか？

研究の結果、次のことが明らかとなりました。シバは硬実であり、休眠しているためそのまま播いても発芽は不良ですが、牛に採食された種子は消化器官を通過する間に種皮が柔らかくなって傷がつき、発芽がよくなるのです。排泄された糞中の種子はその年には発芽せず、翌春、糞の周りから一斉に発芽します。牛はシバ草地周縁の野草地にも草を求めて移動するので、そこでもシバ種子の入った糞を排泄し、シバは発芽・定着します。同様に、シバ草地に生育しているほかの植物の種子も一緒に食べられるので、排糞によってこれらの植物の種子も発芽・定着します。しかし、シバ草地になるまでには四～五年もかかるのに、牧草地の造成は播種して二～三か月もすれば牧草が優占種となるため比較になりません。シバは発芽後の成長が遅く、幼植物の時期から葉よりも地下茎の拡大に光合成生産物を多く分配するためです。いわば、零細企業が、設立当初から収益を規模拡大に投資せず、貯蓄に回しているかのように見えます。ところが、シバは再生力が強く、牛の踏みつけにも強く、やせた土壌でも成長するので頻繁に放牧さえしていれば、図に示すように播種三年目には地下茎から伸長した直立茎があちらこちから顔を出し、急速に拡大します。そして四～五年目にはシバが優占種になります。この期間中にシバの成長を速めようとして肥料を施すと、シバよりも施肥反応のよい雑草などの成長が促進され、シバは被陰されて、光合成が著しく抑制されるので逆効果になります。

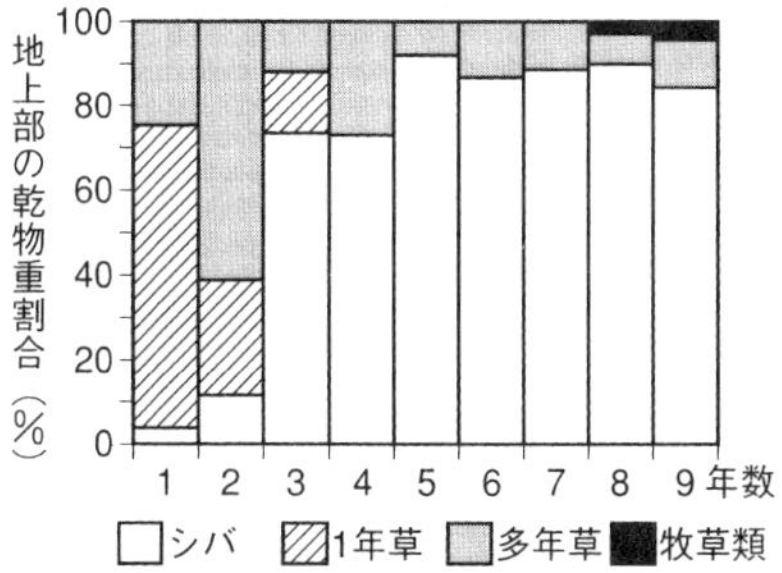

牛の放牧によるシバ草地の拡大

このように、種子からシバ草地を造成するには、シバ草地に放牧されている牛を野草地に連れてきて放牧しておけば、そのうち必ずシバ草地になります。悠々とした遊牧民の心が必要というわけです。　（三田村　強）

29 マクロには穏やかな場での小気候

学生のとき、先生の手伝いで、長野県菅平の局地気象観測をしました。五月、穏やかに晴れた早朝に盆地の中の気温分布を調べるのです。精密な温度計を持った大勢が散らばり、同時観測をして図の結果を得ました。周辺の山地ではプラス四℃以上なのに、標高差二〇〇メートルの盆地底ではマイナス三・一℃です。

上空ほど気圧が低く、空気が膨張して温度が下がるのがふつうなので、図のように下層が低温の状態を気温の逆転といい、逆転している層を逆転層といいます。風が弱く、晴れた夜には地面が放射冷却し、地面に接する空気も熱伝導で冷えます。斜面では冷気が自重で低いほうへ動きます。図の場合も一時間ごとの図をつくると、未明から朝にかけ、冷気が低いほうに集まって、図で右下の川の流出口から流れ出す様子がわかりました。各地の里山で知られる霜道もこうしてできます。窪地で冷気の逃げ道がないと霜穴になります。

空気の湿り具合が、霧ができるかどうかの境目付近のときは、冷気のたまる盆地底で霧が発生します。菅平のこの日もそうでした。ある高さを境に、その上では快晴、下は濃霧で、境界はさながら湖面です。こうなると朝日が昇っても、霧の中が暖まるのに時間がかかり、冷気の解消も遅れます。有名な広島県三次盆地の霧もこうしてできるのでしょう。

逆に晴天の昼間は、山の地面に接した空気だけが暖められ、周囲よりも軽くなるので、斜面をはい上がる気流が発生します。山間部では谷を昇る風としてまとまるので谷風、前記の山を下りる冷気（山風）と合わせて山谷風と呼びます。海岸地方に吹く海陸風と同じ原理です。昼夜を比べると昼の風のほうが強い点も同じです。

上昇気流は雲をつくり、雲頂がマイナス二〇℃になると発雷します。新潟県柏崎地方に伝わる有名な民謡米山甚句は、近くの米山（標高九九三メートル）を次のように歌っています。

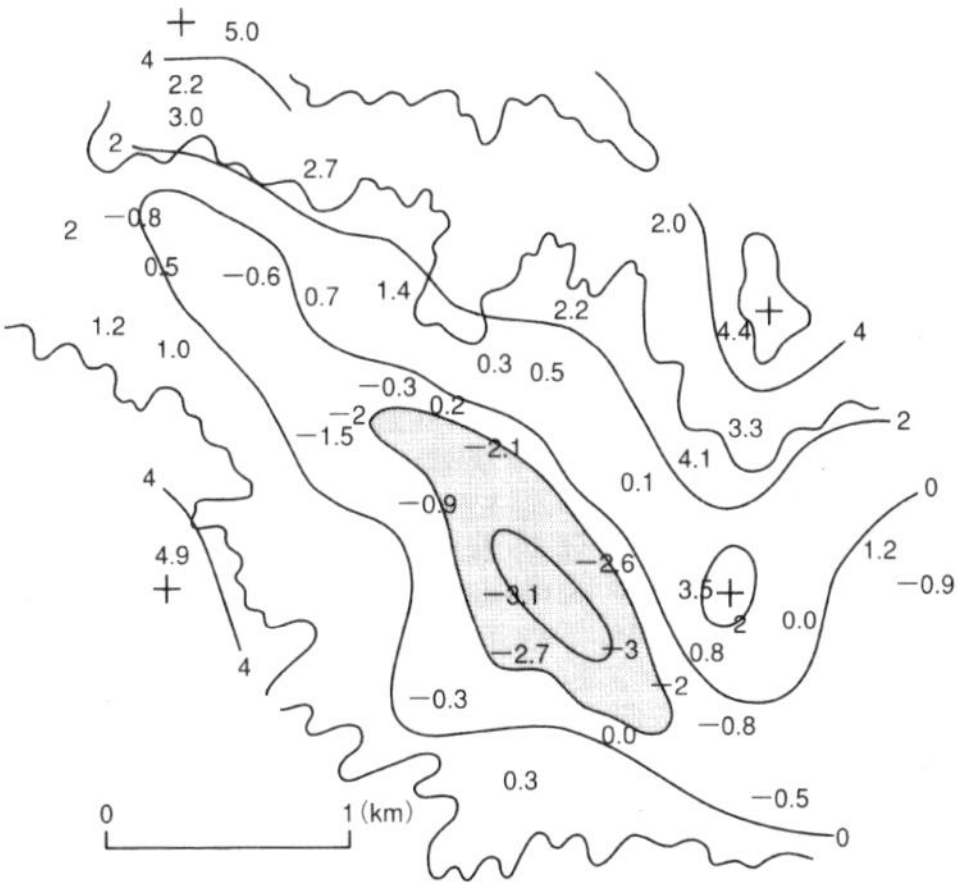

長野県菅平盆地における気温分布（1959年5月8日5時）
吉野正敏（1961）による

米山さんから雲が出た　いまに夕立が来るやら
ぴっから　しゃっから　どがらりんと　音がする

一つの雷雲は元来、一時間足らずの寿命しかありません。それは雷雲の周辺の空気だけでは成層の不安定がすぐ解消されてしまうからです。それ以上に雷が長続きするためには、下層からの新たな暖湿気流の補給が必要です。谷風がその働きをするので、雷雲は谷や川に沿って里に下りることが多くなります。これが雷道のメカニズムです。

（樋間道夫）

30 大規模な風の場での小気候

前項は大きな高気圧の中など、穏やかな場で起きる現象でしたが、広い範囲の強風の中でもローカルな現象は起きます。例えばフェーン現象です。フェーンは元来、ヨーロッパアルプスの北側での強い南風の固有名詞でしたが、今では山越えの暖かい風一般をいうようになりました。教科書的な説明は、「山の風上側で強制上昇のため雨が降り、そこで出た凝結熱が風下側に運ばれる」というものですが、実際には、風上側で雨が降らなくても昇温します。なぜでしょうか。成層状態が安定な大気では、風は山を越えにくく、山を迂回して流れます。そのため、山陰に空気の希薄な部分ができ、上空から大気が降りてきます。その下降気流が下層の気圧で圧縮され、昇温するのです。昇温で雲も消えるので、日射の効果も加わります。

日本の気象台での最高記録である四〇・八℃（山形）を初め、過去の高気温の多くはこのようにして発生しています。そこでは風が強く、空気も乾くので火事が起きやすく、過去、いくつかの大火がありました。フェーンの本場、チロル地方でも、フェーンが起きると煙草など差し控えるそうです。

一方、山越え気流で気温が下がることもあります。「筑波おろし」「伊吹おろし」などです。これはシベリア大陸からの寒気の氾濫によるものですが、世界的にはアドリア海岸に吹く「ボラ」が有名です。これもヨーロッパ大陸の寒気塊が溢れ出すものであり、日本のおろし風との比較研究が吉野正敏らによってなされた結果、寒気が山の鞍部や峡谷などから集中的に吹き出す共通点が明らかになりました。つまり、○○おろしといっても、その山頂から吹くわけではありません。

山越えの局地的強風は東西方向にも多く、昔から各地で「ダシ風」などの名がついています（図）。ダシ風の特徴は、脊梁山脈付近では弱く、川が地峡から平野部に出たところや里山付近で強く吹くことです。

晩春から初夏、東北地方の太平洋沿岸に吹く「やませ」も難物です。これはオホーツク海高気圧からの風ですが、それ自体が冷湿なだけでなく、海霧を持ち込み、日光を奪うことが問題なのです。しかし、霧の厚さが数百メートル程度以下の薄い場合には、低い山でも霧を遮ってくれます。北海道東部では霧の侵入を防ぐ防霧林もつくられているそうです。

似たことは、日本海側の雪についてもいえます。雪雲の高さは二〇〇〇《メートル》程度ですが、落下する雪片は風に流されるので、地表の積雪分布は低い地形によって左右され、北の地方では防雪林も効果を発揮します。

（櫃間道夫）

日本の主な局地風（吉野政敏，1989）

31 里山の防災機能

狭い国土に多くの人口を抱える日本では、昔からの農山村ばかりでなく多くの大都市でも山間部と接して新興住宅地が広がるようになってきました。この地域で生活する人々は背後の山の急峻な地形や脆弱な地質が原因で起こる山崩れや洪水、積雪地帯では雪崩などの現象によって災害を受ける危険性があります。

しかし、山を覆っている森林には人々の暮らしの安全性を守る多様な機能が備わっていて、これらの機能を発揮できる森林を造成・維持してやれば、災害の危険性を減らすことができます。例えば、豪雨の際に森林土壌は降雨の大部分を受けとめて降雨が一挙に河川に流入するのを制御し、洪水を軽減しています。同じく、豪雨時には森林土壌中に多量の降雨を浸透させたり、土壌中に発達している根系網が土を緊縛して土壌侵食を起こりにくくしています。積雪地帯では、樹幹によって積雪の移動を直接抑制し、雪崩の危険性を減じています。このほかにも、山崩れ防止機能、防風機能、防火機能、海岸地帯では防潮機能、防霧機能、飛砂防止機能など、森林には災害を防止する多様な機能があります。

では、これらの多様な機能を十分に発揮させるにはどのような森林をつくればよいのでしょうか。毎年のように尊い人命を奪い、家屋や公共施設を破壊する山崩れを防ぐ森林の機能について見てみましょう。この機能を発揮させるには、山崩れに抵抗する土の力を補強するため、土の中に広く、深くまでたくさんの根を発達させることが必要になります。根の発達する量は樹木の幹や枝葉など地上部の量と比例するので、生育がその土地の条件に適した樹種を選び、大きく育てて、いつでも健全な状態に維持しなくてはなりません。

林業が営まれる地域では森林の伐採が行われますが、伐採後は根系が腐朽するために山崩れは明らかに発生しやすくなるので、伐採面積をできるだけ小さくしたり、時間的に伐採間隔を長くしたり、あるいは択伐によって無立木状態をできるだけ避けるようにしたりしています。その他の機能についても、多くの場合は樹高が高く、直径が大きく、健全な森林ほど各機能がよく発揮されると考えられるので、前に述べたように土地に適した立派な森林を育てることが必要になります。

写真は森林を伐採して間もない時期に、運悪く梅雨末期の集中豪雨に見舞われ山崩れが発生した例です。人々の生活の場と接している里山だけに、不用意に伐採を行ったり、必要な森林の管理を怠ったりするとこのような災害を招くことにもなりかねないのです。

（阿部和時）

32 里山のおいしい水

飛騨の山里、月山山系のふもと、広島市周辺、いや、全国いたるところの由緒ある神社や寺の背後に里山がでんと座っているのを見ることができます。これは里山が常にきれいな地下水や湧水を供給しているからと思われます。どんな干ばつのときも、こんこんと水が湧き出す神社や寺は、神秘の対象として人々の信仰を集めました。地下に水が多いので大きな杉がうっそうと周囲に林立し、いっそう神秘性を高めたのでしょう。今もこのようなところでは、霊泉といわれる湧水を多く見ることができます。

里山からの湧水は小規模ですが軟水が多いのです。比較的浅い被圧地下水が短時間で地表に湧出する場合が多く、土質の溶出などの影響を受けにくく、カルシウムとマグネシウムの総量（硬度）の低い軟水となりやすいのです(関東ローム層は軟水でなく中硬度水が多い)。里山の水がおいしいのは、この軟水であることに加え、汚染（生活廃水を含む）のないきれいな水が供給されるからです。

おいしい水とはどんな水でしょう。筆者は長年全国の名水の成分とおいしさとの関係を研究してきましたが、おいしい水とは表①の「厚生省おいしい水の要件」に合致する水であると結論するに至りました。これは、硬度50mg/L以下の典型的な軟水で、しかも、きれい（有機物が少ない）で鉄分の少ない水のこと。純水は硬度が低すぎておいしくありませんが。②の「厚生省おいしい水の水質条件」は①の基準を緩和し、水道水もおいしい水に組み入れるため新たにつくられた基準で、現在これが我が国ではおいしい水の基準として広く使われています。しかし、実際、里山からの湧水は①に合致するグレードの高い水が多く、②の水よりもっとおいしいのです。これは、軟水の持つ清涼感がおいしさを引き立てるといわれ、軟水の名水はお茶、コーヒー、日本料理にと万能の名水といわれます。

最近よく見かけるペットボトル入りのミネラルウォーターは、中硬度水（硬度51～150mg/L）や通常硬水（硬度151mg/L以上）が多いのですが、これらの水は③のミネラルバランスが整わないと、おいしくないそうです。

広島県呉市には典型的な里山からの軟水の湧水「真梨清水」があります。この水はかつて「赤道を越えても腐らない名水」といわれ、海軍用名水として有名でした。軟水のきれいな水はミネラル水にくらべて変質しにくいことを、昔の人は経験的に熟知していたのです。水は貴重な軍需物資でした。

（佐々木　健）

現在よく使われる名水（おいしい水）の基準

		① 厚生省 おいしい水の条件	② 厚生省 おいしい水の水質条件	③ 大阪大学* 橋本奨ら おいしい水のインデックス
pH		6.0～7.5	6.0～7.5	
臭味		なし	臭気度3以下	
水温	(℃)	ー	20以下	
硬度	(mg/L)	50以下	10～100	$\frac{Ca+K+SiO_2}{Mg+SO_4} \geqq 2.0 \frac{mg}{mg}$
遊離炭酸	(mg/L)	ー	3～30	
有機物		地下水		
($KMnO_2$消費量)	(mg/L)	1.5以下	3.0以下	
蒸発残査	(mg/L)	50～200	30～200	
残留塩素	(mg/L)	ー	0.4以下	
鉄	(mg/L)	0.02以下	0.02以下	
塩素イオン	(mg/L)	50以下	ー	

*　橋本奨ら：水処理技術，19(1)，13～28(1988)

33 里山に音を感じて

目をつむって、朝靄けむる静かな山里の朝を想い描いてみてください。静けさのなかにいろいろな森の声が聞こえてきませんか。カッコウの鳴き声、遠くから聞こえる渓流の音、林の中を駆け抜ける風の音、農作業に出かける人の足音までも一歩一歩と聞こえてくるでしょう。これらの里山の自然の音は、夏の蒸し暑さを和らげたり、疲れをいやしたりと、里の人々にやすらぎと潤いのある快適な生活を提供しています。

一般的に、静かな里山での音圧（音の大きさ）は約四〇ｄＢで、本当に静かなので、森の奥から聞こえてくる自然の小さな音でも非常に印象的に感じ取ることができます。しかし、都会では、静かだと感じるときでも、感じ取る音源が少ないため、異様に静かすぎたり、静かだと思ってもどこからともなく聞こえてくる車の音や機械音、耳には聞こえない低周波が集合しているため、意外に音圧は大きく五〇ｄＢ近くある場合もあり、せっかく都会にある小さな自然の音さえも感じ取れなくなっています。里山は「やすらぎ」と「潤い」を感じるさまざまな自然の音を持っているとともにそれを感じ取れる最適な場ともなっているのです。

ところで、本当に、里山に聞こえる自然の音は人に「やすらぎ」や「潤い」を与えているのでしょうか。このことについての研究が最近進められています。

「カッコウ」や「せせらぎ」などの里山に代表的な自然音を聞いたときの人の評価と脳内の血流を測定した

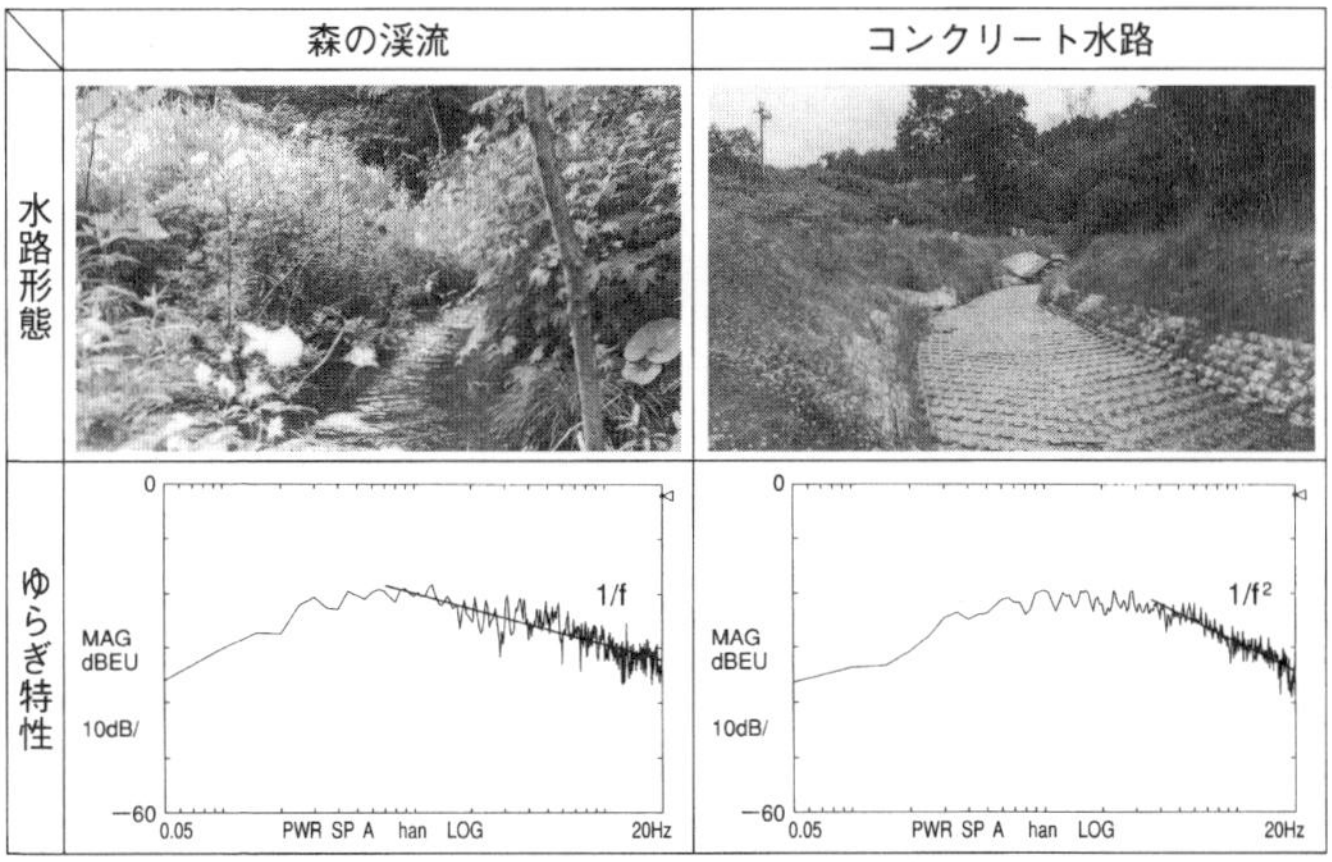

ところ、快適に感じると評価された「カッコウ」や「せせらぎ」の音を聞いたときは、脳内の血流量は低下し、リラックスした状態になっていました。また、せせらぎの音とコンクリート水路の音を比較して、その音の周波数特性と人の評価を比較した実験では、やすらぎ感の評価が低いコンクリート水路の流水音は1／f^2のゆらぎ（音の周波数の特性）を呈していたのに対して、やすらぎ感が高いと評価されたせせらぎの音は、自然物に多く現れる1／fゆらぎを呈していたという報告があります。どうも里山にある自然の音には、やすらぎの効果があるようです。

しかし、近年、里山にも都市化が進み、だんだんと自然の音を感じる空間が少なくなりつつあるようです。

「閑かさや岩にしみいる蝉の声」

見えないようで見えている音の景観である「里山の音」とそれを感じ取る心を大切にしたいものですね。

（山本徳司）

34 心地よい香り

人は、ヒトとなって五〇〇万年経ちます。そのほとんどを、私たちは、自然環境下で過ごしてきました。私たちの基本的な欠乏欲求である「安全」や「健康」ならびに成長欲求である「快適性」は、森などの自然環境から提供されてきました。生理人類学では、私たちの身体は五感にかかわる機能を含め、自然対応用にできていると考えられています。

一方、快適性は、欠乏欲求である消極的快適性とプラスαを求める成長欲求である積極的快適性に分けて考えられています。当然、マイナスの除去を目的とする消極的快適性は、個人の選択が入る余地はなく、コンセンサスが得られやすいという特徴があります。それに対し、積極的快適性は、同一個人であっても、コンセンサスが得られにくいという側面を持っています。香り物質の吸入による快適性増進効果は明らかに、積極的快適性を指向していることを忘れてはなりません。

最近、人の状態を生理的指標を使って解明する手法が開発されました。写真（実験風景）に示すように、人工気候室と呼ばれる温度、湿度、照度、風速等を制御し、防音機能を備えた部屋で、他の条件は変えることなく香り物質を吸入した場合の変化を測定するのです。生理指標としては、脳波、（近赤外線分光分析法による）脳血流量、指式血圧、指式脈拍、精神性発汗、末梢血流量、瞳孔等の指標が目的に応じて使われます。

同時に、主観評価を測定し、生理面と心理面の両面から解明することによって、そのときの人の状態を解釈しようとするものです。

スギやヒバの材のチップをにおい袋の中に入れて飽和した香りを吸入すると、ほとんどの被験者において、主観的には、快適で、自然であると受け取られるとともに、血圧と脳血流量は有意に低下することが実験的に明らかになっています。生体が鎮静的な状態になり、リラックスしていることが読み取れます。さらに、興味深いことには、嫌いであると主観的に評価した場合でも、生理的には血圧の上昇等のストレス反応を生じないことが最近の実験からわかりました。人の身体が自然対応用にできていることを反映しているのかもしれません。

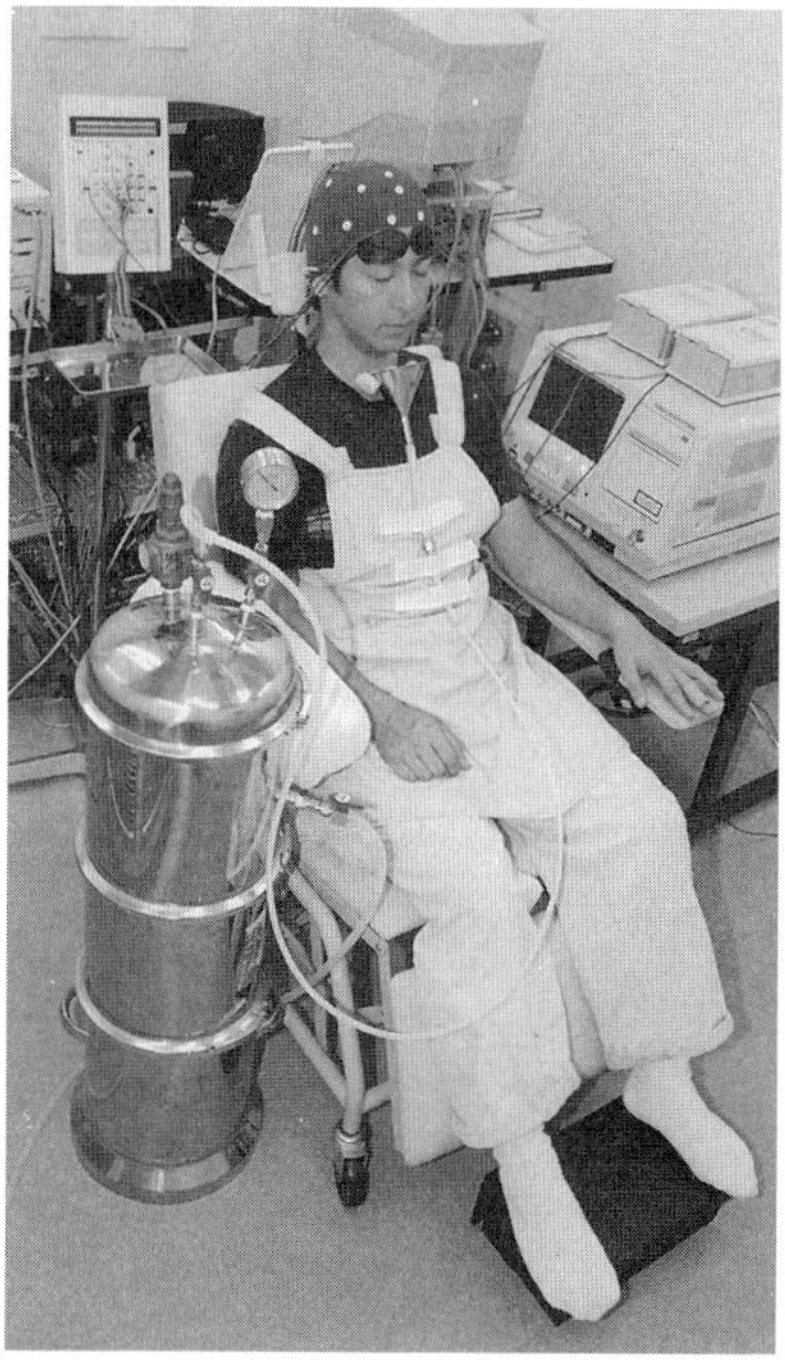

人工気候室

実質的なデータの蓄積を基盤として自然由来の香り物質が、都市化に伴う生理的・心理的ストレス状態の軽減に有効利用されることが期待されます。

(宮崎良文)

35 市民生活の保全

森林が持つ環境効果は、安全かつ快適な市民生活を送ることに寄与しています。この公益的機能を保持するための主たる制度として森林法に基づく保安林制度があります。山崩れなどの災害防備、水源のかん養、公衆の保健、風致の保存といった特定の公共目的を持たせた各種保安林が指定されて配備され、森林の取り扱いの「行為制限」と「機能の強化」が図られています。現在の保安林種は一七種類です。

この保安林制度の成立は明治三〇年ですが、かつての里山林はともすれば過度に利用され、このことに起因するはげ山や荒廃森林も広く存在していました。土砂流出防備保安林や土砂崩壊防備保安林に編入されている里山林もたくさんあります。取り扱いの規制だけでなく、公共事業として治山事業を施して土石の安定と森林復旧の努力がなされてきました。

一方、日本経済の成長に伴って、特に里山林地帯での宅地開発やゴルフ場開発などの開発圧が強まりました。保安林制度は「指定の解除」という要件と手続きを満たさねばならず、森林を森林として担保する効力を最も保有しているはずの制度です。行政訴訟の原告となって裁判できる当事者適格の道も市民に開かれています。どう運用されるかは市民社会の成熟と市民の力量にゆだねられています。

ところで、里山がこれほど注目され出したのは市民によって里山が再発見されたからです。多くの市民が里山林を自己実現の場として、森林作業に汗を流すようになりました。景域生態学の立場からは、里山には多様な生物が相互依存してワンセットで共生している事実と、その仕組みが明らかにされつつあります。里山的自然はこれからの社会の豊かさにとって貴重です。ルーラルアメニティの価値も社会から認知されつつあります。里山の自然とそこでの農的営みは、健康な市民生活を保全する都市装置でもあるはずです。

里山を里山たらしめるために、保安林制度を活用して、必要不可欠な場所で適切な里山林の管理を施せないものでしょうか。里山保安林の設置を提唱します。

「里山」としての管理を待っている里山林

これまでの保安林は、立木の伐採規制や植栽義務を指定施業要件としてきました。しかし、里山林の現代的問題は、伐採利用されずに放置されていることです。適度の攪乱が里山環境を安定させてきたのですから、里山の自然の保全のためには、里山林のモザイク状の伐採の繰り返しがその施業要件となります。また、里山保安林の環境形成の意義を、里山全体のなかで明確にすることが肝要です。「里」と「山」の折り合いのつけ方が重要なのです。緊急性のあるものから里山保安林に指定しなければならず、そのためにも「里山」の規定をより厳密なものにしなければなりません。

（北尾邦伸）

36 里山保全を支援する税制？

里山の多様な野生動植物、美しい魅力的な田園風景、それらがとりもなおさず、国土保全、自然・生活環境保全など地域住民の生活に潤いとやすらぎを与えてくれています。また、私たちが子どもだったころの田園風景への郷愁ともなっています。里山の雑木林は、かつて薪炭林や農家林として生活と密着して利用されてきた二次林でしたが、高度経済成長に伴う人口の急激な増加による宅地化、ゴルフ場化など大規模に開発されて生産的役割を失い、たいして利益を生まないものとして経済優先論理により見捨てられてきました。近年、里山はゴミの不法投棄の場として産廃業者に売却されたりして荒れ果て、連続した緑資源としての価値が減少してます。

里山を乱開発から守り、魅力的な里山を後世に残していくためには税制上早急な支援措置が必要と思われます。当然のことですが、税制上の優遇措置を講ずる立法要件として、土地所有者は里山や雑木林を保全するため経済的・法的制約を受けること、またその制約受認義務が長期間にわたり確実に担保されていることなど、他の納税者との間において税負担の公平性が保たれていることが重要となります。そこで里山保全のための支援税制として、次の四つを提案したいと思います。

①指定（法定）里山 に対し固定資産税の非課税、また農地と同様に納税猶予制度を適用し相続税を免除し

ます。ただし、優遇措置の食い逃げなど信義違反に対しては厳しいペナルティは当然です。里山は都市近郊に所在し高地価のため相続税負担に耐えられなく売却、転用されている例があります。里山、雑木林の保全・維持、形成は相当な長期間を要するので、数代の相続発生にかかわらず地元公的機関との間において一〇〇年単位での協定、契約保証が確約されていることが重要な要件といえます。

②指定里山に対する毎年の保全奨励金、報奨金、補助金等は、現行水田農家の稲作生産調整金（転作奨励金）に類して一時所得扱いとします。この所得計算は奨励金等から里山の保全・維持経費と五〇万円の特別控除をした残金の二分の一を農業・給与所得等に合算するものです。税金は相当軽減されると思います。

③地元公的機関が里山を買収するとき、例えば里山対象事業の用に供する場合など土地収用法の公園事業と同様、五〇〇〇万円の特別控除制度を適用します。

④里山保全のナショナル・トラスト、NPO（非営利団体）に対し一定の活動要件をもとに法人格を与えます。今日、里山を所有する農家林家は高齢化、都市部過疎、担い手不足、木材価格の低迷等により里山を保全・管理することが困難になっています。これら里山を適切に活用する認定ボランティア団体に期待し、NPOに対する寄付金は現行の特定公益増進法人と同様に、寄付金控除制度を適用することとします。

日本の美しい里山をいつまでも残していくためには、土地所有者の理解と協力をいただき、私権の制約に対し一定の要件のもとに、以上のような税制上の優遇措置が不可欠ではないでしょうか。

（高木政弘）

37 持ち主はどんな人？

里山の所有者はどんな人たちでしょうか。この問題に答えるにはまず里山とは何かをはっきりさせなければなりません。ところが森林関係の統計には里山という言葉は出てきません。里山がどこにどれだけあるかはシステマティックに調査されていないのです。そこでこの問題に答えるにはちょっと工夫が必要です。

里山林という言葉が政府によって初めて使われたのは第四次全国総合開発計画（四全総）だといわれています。そこでは里山地域が奥山地域や都市近郊地域および人工林地帯と、人口密度、人工林率および森林率の三つの指標によって区別されていました。そこで四全総の定義に基づいて、里山地域に属する市町村の森林の所有構造を調べてみました。ところがその結果、五〇ヘクタール以上の大規模林家の数がほかよりやや少ないことを除けば、全体の平均と比べて里山地域の森林所有には目立った特徴がないことがわかりました。

しかしこの定義によって里山地域とされている市町村が本当に里山地域と呼ぶのにふさわしいかどうか、私は疑問を感じました。里山地域かどうかの区別には、人工林と天然林の比率だけでなく、天然林の過去の利用状況を重要な指標とするべきだと考えました。天然林の過去の利用状況そのものを示す統計はありませんが、その代わり林齢の階級別面積ならわかります。そこで試みに、林野率が一〇％以上九〇％未満の市町村で、森林のうち六〇年生以下の天然林の比率が五〇％以上、六一年生以上の天然林の比率が三〇％未満の市町村を里山地域と考えてみました。六〇年生以下の天然林ということは、過去六〇年間にそれまでに生えていた樹木のほとんどが伐採された天然林ということです。原生林地帯でもなく、人工林地帯でもなく、過去に利用されてきた天然林がたくさんあって、林野率が極端に高くも低くもない地域を里山地域と考えたわけです。人口密度の指標はさしあたり無視しました。

	都市地域	人工林地帯	里山地帯	奥山地帯	全国	里山地域（新定義）
民有林率（％）	86	81	72	59	70	93
私有林率（％）	74	67	59	44	56	79
在村者所有率（％）	83	83	83	70	77	86
林家平均保有面積（％）	1.9	2.7	2.4	5.5	2.7	2.3
慣行共有面積（％）	5.7	6.0	5.8	3.0	4.6	7.8
林野面積（10,000ha）	297	684	397	1,125	2,503	419

1990年林業センサスをもとに筆者が計算したもの。

すると一九九〇年のデータでは、全国の森林の七〇％が民有林なのに対して、里山地域では森林の九三％が民有林でした。民有林のなかでも都道府県有林は少なく、私有林と市町村有林が多い傾向や、在村者の所有している比率が高く、一人当たりの所有規模が小さい傾向が認められました。このほか慣行共有面積が比較的大きい傾向も認められます。林地の入会利用の慣行が比較的最近まで残ったところでは、人工林化が進まずに里山の状態が残されたのでしょう。

地方別に調べてみると、里山地域は中国地方に多いほか、兵庫、福島、新潟辺りでも多いことがわかります。（岡　裕泰）

38 法律で里山は守れるか？

通勤途中にある樹林地が、ある日突然整地され、またたく間に宅地へと変わってしまう様子は、不景気な今日でもそう珍しいことではありません。「里山は失ってからそのありがたさがわかるもの」と誰かいったかどうかわかりませんが、確かに近くの里山がなくなると、何か大切なものを失ってしまったような寂しい気持ちになります。しかし、森林といえどもその土地は誰かの持ち物になっており、うかつに他人の土地の使い方に文句をいったりできないことも私たちは知っています。そんなわけで、里山の消失には歯がゆい思いをさせられますが、果たして里山を守ってくれる法制度はないものでしょうか。ここでは、そんな法制度についてお話しましょう。

まず都市計画法には地域地区制度の規定があり、そのなかに風致地区、緑地保全地区、生産緑地地区等を指定する条項があり、里山の開発に規制をかけられる内容になっています。また、都市計画法では計画区域を市街化区域と市街化調整区域に区分しており、「市街化を抑制すべき地域」である市街化調整区域の指定は、里山の保全にとって心強い法規制といえそうです。

里山を守る法規制は森林法のなかにもあります。なかでも注目されるのは保安林制度による風致保安林と保健保安林の指定です。特に保健保安林は、一九七四年の第三期保安林整備計画を契機に増加し、現在では全国で約五四万㌶が指定されています。保安林には固定資産税や不動産取得税等は非課税になり、相続税や所得税等は軽減される優遇措置があることから里山保全には少なからず効果が期待でき、近年では茨城県のつくば市で森林を所有している住民自らが保健保安林の申請を行った例も生まれています。

しかし、都市計画法や森林法に見られる以上のような里山保全に関する法規制も、公共事業の導入等に伴う計画の見直しによって指定区域が変動したり解除されたりしますから、万能な法令とはいえません。

もっと私たちに身近な制度としては、都道府県や市町村における森林保全制度があります。都道府県レベルでは東京都の水源林の制度や茨城県の平地林保全制度などがあり、また市町村レベルでは横浜市民の森制度などが有名です。こうした自治体による森林保全制度では多くの場合、森林の管理に地域の自治会や老人会、婦人会など、なんらかの形で市民が里山の管理そのものに参加していることです。なかには大阪府高槻市のように緑化森林公社と森林所有者と市の三者が森林保全協定を結んだり、市民を巻き込んで森林銀行の制度をつくったりして森林保全に取り組んでいるところもあります。

残念ながら我が国には、里山の保全を完璧に保証する法制度はありません。しかし、豊かな生活を築くためのルールとして、市民が行政に働きかけて新たな制度をつくり出すことはできます。高槻市や横浜市のように、市民が参加できる里山の保全と管理のための制度を市民と行政が力を合わせてつくり上げていくことが、これからは大切なのではないでしょうか。

（比屋根　哲）

39 森林にかかわる市民活動のサポート

地球サミット（一九九二年）におけるNGO（非政府組織）の働きや阪神大震災（一九九七年）におけるボランティア活動は、行政でも企業でもない市民組織の社会的役割を広く社会に認知させました。森林分野では、一九九〇年前後から里山保全活動や林業ボランティア活動の全国的な広がりが見られます。従来、異端視されがちだったこれらの活動も、林業の慢性的低迷と環境重視の時代の流れに伴い、近年ようやくその社会的な意義が認められるようになり、支援の手が差し伸べられようとしています。

では、どんな支援があるでしょうか？　まず資金助成が挙げられます。里山保全活動をしていると、作業に使う草刈り機やチェンソーが欲しくなったり、活動経過や植生記録を冊子にまとめたり、シンポジウムや交流会を開きたいという欲求が出てきますが、こうした費用を個人で負担するのはたいへんな重荷です。

そこで助成金の登場です。現在日本では、WWF－Jや日本自然保護協会、日本野鳥の会などの全国規模の自然保護団体、トヨタ財団、イオングループ環境財団、日本財団、全労済などの民間団体、環境事業団、国土緑化推進機構などの国の外郭団体、ところによっては都道府県や市町村、地方銀行も助成制度を設けています。また、こうした助成団体の募集情報を集積している㈶助成財団センターという組織もあります。必ず受けられるとはかぎりませんが、まずは募集情報を収集し、挑戦してみてはいかがでしょう。

森林に関する市民活動を支える主要な団体

市民活動助成を扱っている主な団体	連絡先	備考
(財)WWF-J	tel 03-3769-1714	募集10〜11月(1998年度)
Pro Nature Foundation《財)日本自然保護協会)	tel 03-3265-0524	募集6/1〜7/15(1999年度)
(財)トヨタ財団	tel 03-3344-1701	募集10〜11月(1999年度)
(財)イオングループ環境財団	tel 043-212-6022	募集7〜8月(1999年度)
日本財団	tel 03-3502-2301	募集6月と12月(1999年度)
全労済	tel 03-3299-0161	募集12/1〜3/10(1998年度)
環境事業団「地球環境基金」	tel 03-5251-1076	募集12/1〜1/14(1998年度)
(社)国土緑化推進機構「水と緑の基金」	tel 03-3262-8451	募集5〜6月(1998年度)
(財)助成財団センター	tel 03-3350-1857	助成団体の情報を集積
森林関係の市民活動団体の主な全国集会	**連絡先**	**備考**
全国雑木林会議	開催地の持ち回り	1999年度は愛知県犬山市で開催
森林と市民と結ぶ全国の集い	開催地の持ち回り	1999年度は高知県大川村で開催
市民活動をサポートする市民団体	**連絡先**	**備考**
森づくりフォーラム(東京)	tel 0422-72-8217	森林ボランティア保険の窓口も開設
よこはまの森フォーラム(横浜)	tel 045-212-5835	横浜周辺の市民団体ネットワーク

さて、お金以前に、会の立ち上げ方や運営、活動メニュー等で悩んでいる方もいると思います。こういう場合、まずは自分たちで悩んでください。自分たちで考えながら前に進んでいくことが市民活動の醍醐味です。しかし、アイデアは情報のなかから生まれます。そこで市民団体の集まりに参加してはいかがでしょう。集まりはいろいろあるようですが、全国的で大きなものとしては、全国雑木林会議や森林と市民を結ぶ全国の集いが毎年開催されています。地域によっては、森づくりフォーラム(東京)、よこはまの森フォーラム(横浜)といった市民団体をサポートする市民団体が窓口になってくれるはずです。また、林業技術なら都道府県の林務課を訪ねてみてください。

これまで挙げた情報は、最近、ほとんどの場合、インターネットで入手できます。接続環境が整っている方はホームページを検索してみてください。

(齋藤和彦)

III

里山の動物

40

顕微鏡でのぞいてみよう——土壌微生物

微生物は、大半が数十ミクロン程度の大きさで、肉眼では見えにくい生物です。しかし生物界においては、生産者としての植物、消費者としての動物と並んで分解・還元者として位置づけられています。地球の物質循環の一翼を担っているのです。多種多様な生き方をする膨大な数の微生物がいます。土壌微生物には、細菌や放線菌、カビや酵母などの菌類、変形菌などが含まれます。その活動が活発なのは、植物の根の周辺や生物の遺体など、有機物の豊富なところです。里山の環境は、まさに打ってつけといえるでしょう。

まず、肉眼で観察します。林床には、落葉や落枝が積もり、倒木もあります。落葉や倒木に小さいキノコが生えているときがあります。落葉の裏や倒木の樹皮の下、土壌中にも伸びる菌糸が見られます。ルーペなどでよく見てください。採集するときは、カッターやナイフ、剪定ばさみで大きさをそろえ、ピンセットで他の試料と混ざらないように注意して、ビニル袋や紙袋に入れます。ウサギやシカなど草食性の動物の糞も持ち帰りましょう。透明な容器の底に湿らせたペーパータオルやティッシュペーパーを敷き、糞を載せます。乾燥しないようにラップなどでふたをして置いておくと、糞生菌といわれる一群の菌が生えてきます。ときにはケカビ類（接合菌）からチャワンタケ類（子のう菌）、最後にトフンタケやヒトヨタケ類（担子菌）というような菌の遷移が見られます。また、白い球形の卵のようなキノコを見つけたら、同じように観察してみてください。成熟すると白い柄と暗緑色のべたべたしたグレバという傘を持つキノコが伸びてきます。スッポンタケの仲間です。卵が割れ始めると、柄の伸びるスピードは驚くほどです。ただ、グレバはかなりの悪臭を発散するのでご注意ください。ハエを引き寄せて、胞子を運んでもらうためのにおいなのです。また、似ているものにトカゲや蛇の卵があります。キノコの幼菌は根っこのような太い菌糸の束がついていたり、表面の弾力などでわかります。それでも、いつの間にか小さなトカゲがいたとか、殻だけ残っていたなどと聞きましたので間違えないようにしてくださいね。

　肉眼で観察できない微生物は、分離培養という手法を使ってみましょう。それぞれの種の集団（コロニー）をつくらせてから顕微鏡で観察します。微生物のコロニーを育てる物を培地といいますが、市販の品を使って家庭でもつくることができます。水寒天培地は、寒天パウダー（ゼリー用など）一五グラムを水一リットルの割合で混ぜ、耐熱容器に入れて圧力釜か電子レンジで加熱し沸騰させます。一回の加熱では完全に滅菌はできませんので一日おいてまた加熱します。三回繰り返しが理想です(間欠滅菌)。栄養価の高いジャガイモ寒天培地は、ジャガイモ二〇〇～二五〇グラムに水七〇〇ミリリットルを加え、三〇分間煮出します。その煮汁に水を加えて一リットルにし、砂糖（グラニュー糖など）一〇グラムと寒天パウダーを加え、滅菌します。採集してきた土を水に混ぜ、その上澄みを培地に加えたり、塩素系漂白剤などで表面殺菌した落葉の破片などを載せて、微生物の生育を待ちます。コロニーができたらスライドガラスにとり、顕微鏡で観察してください。

（赤間慶子）

41 身近なピョンチュウ――トビムシ

里山で一番たくさんいる昆虫はなんでしょう？　アリ、ヤブ蚊？　いえいえ違います。それはトビムシです。え！　そんな虫見たことないって。そう思われるかもしれません、何しろ大きさは数ミリ程度で、ふだんは人がほとんど目にしない土の中にいるのですから。

しかし、例えば山に入ったとき、あなたの足の下には数えきれないほどのトビムシがいるのです。京都近郊の里山のアカマツ林で筆者が林床を調べたデータでは、林床一平方メートル当たり五万〜一〇万個体ものトビムシがいました。成人男子の片足が約二〇〇平方センチと考えれば、片足の下に一〇〇〇〜二〇〇〇個体のトビムシがいることになります。

トビムシは、昆虫類のなかでも最も原始的なグループの一つである粘管目に属しています。トビムシは、ほかの昆虫と同じように、頭、胸、腹に分かれた体構造を持ち、脚も六本あるのですが、翅はありません。翅もないのになぜトビムシというかというと、多くの種類で叉状器と呼ばれる器官を使って跳ぶからです。叉状器は、腹部の後端近くから先端が二叉した突起です。これがふだんは腹部の下に折りたたまれているのですが、何か刺激を受けると急激にそれを後ろに伸ばします。まるで、戦闘機の座席に着いている緊急脱出装置のような感じです。そのとき地面を蹴ってぴょんと跳ぶためトビムシと呼ばれるのです。トビムシは他の昆虫と多くの点で異なることから、昆虫とは別のグループに分類することもあります。ぴょんと跳ぶからピョンチュウと名づけては、という冗談をいう人もいるくらいです。

手づくりのツルグレン装置

アヤトビムシの１種

さてこの小さなトビムシには、森林の中で大切な役割があります。トビムシは土壌中の有機物や菌類を食べたり、微生物と相互作用を持ったりすることにより、有機物の分解過程や養分循環に深いかかわりを持っているといわれているのです。

トビムシなどの土壌にすむ動物を効率的に採集する方法として、ツルグレン装置というものがあります。これは、有機物あるいは土を乾燥させることにより、動物を下に追い落とそうとする装置です。電球と漏斗さえあれば家庭でも簡単につくることができます。試しに、近くの林の落葉をこの装置にかけてみてください。身近なところにいかにたくさんの虫たちがすんでいるかを知り、驚かれることでしょう。

（長谷川元洋）

42 雑木林とスズメバチ

雑木林といえばまず思い浮かべるのがクヌギやコナラ。樹液の発酵臭に引きつけられた有象無象の虫たちがつくる「昆虫酒場」はよく知られています。カブトムシやクワガタ、オオムラサキといった人気者に混じって、スズメバチもこの酒場の常連です。

なかでもオオスズメバチ、コガタスズメバチ、ヒメスズメバチといった大型のスズメバチ連中は樹液に目がありません。特に四月ごろ越冬から目覚める女王にとって、樹液は重要なエネルギー源と考えられています。巨大な女王バチは姿こそ恐ろしいものの、営巣前の大事な体の故か攻撃性は弱く、六月まではまず安全です。しかし七月以降は事情が違います。この時期酒場にたむろするのは気の荒い働きバチです。なかでもオオスズメバチは縄張りを防衛する性質がきわめて強く、巣仲間以外には敵対行動を示します。樹液を吸っているオオスズメバチに手出しをするのは賢明ではありません。

樹液以外の点でも里山はスズメバチにとってよいすみかです。ハチが多いことは餌となる昆虫が豊富である証ですが、もちろんそう考えたところで恐怖が和らぐわけではありません。

ハチ刺されによる死者は一九八三～九七年の間に全国で五六三名、年平均三八名です（厚生省人口動態統計）。アシナガバチやミツバチによる死亡もあるでしょうが、多くはスズメバチによるものと思われます。他の有毒動物やクマなどによる死者数を圧倒し、その意味ではスズメバチは我が国で最も危険な動物です。しかし、例えば一九八八〜九四年の六年間に全国の営林署で約二万四〇〇〇件の刺傷事故が起きていますが、死亡例は一〇件（〇・〇四％）です。必要以上におびえることはないものの、あの強烈な痛みは誰しも願い下げでしょう。

ハチの巣を刺激してしまうのが多くの刺傷事故の原因です。幼虫がびっしり詰まった巣は、多くの動物にとって絶好の食べ物。巣をねらうこうした外敵から巣を守るために、振動や動きの速い物体を察知すると、彼女ら（働きバチはメス）は捨て身で攻撃してくるのです。

樹液をむさぼるオオスズメバチ

オオスズメバチは主に地下一〇〜二〇㌢ほどの土中や樹洞などに営巣します。コガタスズメバチは生垣や家の軒先が大好きであり、またキイロスズメバチは樹洞や土中のような閉鎖空間にも軒先や樹枝のような開放空間にも営巣します。営巣場所はさまざまですが、どの種も巣が大きくなるほど攻撃性は高く、九〜十月が特に危険です。折しも行楽の秋。巣を刺激されたハチは黒い物体に対して顕著な攻撃性を示します。万一に備え、キノコ採りやクリ拾いの際には白っぽい服装をし、黒い頭髪を隠す帽子の着用をおすすめします。

（牧野俊一）

43 都会の歌姫に里山は似合わない？

アオマツムシをご存じですか。街路樹や公園の植栽樹から降り注ぐように鳴り響くリーリー（チリーチリー）という力強い鳴き声の主といえば、思い当たる方も多いはずです。この虫は、明治時代に中国大陸南部から関東地方に持ち込まれたと考えられています。現在では、福島県以南の本州、四国、九州に広く分布し、すっかり日本に住み着いてしまいました。マツムシと同じコオロギの仲間ですが、マツムシが草むらにすむのに対して、アオマツムシは樹上に生息し、木の葉を食べます。草むらにすむマツムシは跳躍に適した長い後ろ足を持ちますが、樹上生活に適応したアオマツムシの後ろ足は短く(写真)、体色もマツムシとは違って鮮やかな緑色なので、簡単に区別することができます。

この虫は植木の持ち運びに伴って急速に分布を広げ、各地の市街地の街路樹や公園林にたくさん生息するようになりました。バラ科やカキノキ科、ブナ科などの広葉樹を好み、雑木林から隣接するカキ園やナシ園に侵入して果実に損害を与えることもあります。かつては都市昆虫のように思われていましたが、村落周辺の木立や里山林の林縁にも生息しています。しかし、よく茂った里山林の林内でこの虫の大合唱を聴くことはまずありません。もっぱら木の葉を食べるこの虫がなぜ里山では盛んに繁殖できないのか、その理由はよくわかっていません。

北アメリカ原産の蛾で、終戦直後に我が国に侵入し、都会の街路樹を食い荒らす害虫として有名になったアメリカシロヒトリも、里山に進出できない外来昆虫として知られています。アメリカシロヒトリについてはもう少し詳しいことがわかっており、鳥類やクモ類、ゴミムシ類といった天敵相が貧弱な市街地では幼虫の生き残る割合が高いために大発生しやすいのですが、天敵相の豊かな里山ではうまく増えることができないのではないかと考えられています。このように里山の生態系には、侵入者の勝手なふるまいを許さない仕組みがあり、そのため都会を席巻したアオマツムシも里山ではおとなしくなるのかもしれません。

日本にはすでに二〇〇種を超える外来昆虫が生息し、今後も新たな侵入者が跡を絶たないと思われます。

マツムシ(左)とアオマツムシ(右)

強靱な生態系を持つ里山は、外来生物の拡大を防ぐ防波堤のような役割を果たすことが期待されます。

しかし、外来生物のなかには土着生物のネットワークを容易に打ち砕く乱暴者がいないともかぎりません。里山が本来持っていた豊かな生物相をこれからも積極的に維持するとともに、里山の生物相が置かれている状態を多面的にモニタリングしておくことが望まれます。

(前藤　薫)

44 手は出さないで！——蛇類

本州・四国・九州ではタカチホヘビ、シマヘビ、ジムグリ、アオダイショウ、シロマダラ、ヒバカリ、ヤマカガシ、ニホンマムシの八種類の蛇が生息しています。北海道ではタカチホヘビ、ヒバカリ、ヤマカガシを除く五種類が生息しています。このうちニホンマムシとヤマカガシの二種類が毒蛇です。タカチホヘビとシロマダラは夜行性なので、あまり人目につくことはありません。ヒバカリは夕方、マムシは高温時は夜に、低温時は昼間活動することが多いようです。シマヘビ、ジムグリ、アオダイショウ、ヤマカガシは昼間活動するうえに体も比較的大きいので、目につきやすい蛇です。

タカチホヘビはミミズ、ジムグリは小型哺乳類、アオダイショウは哺乳類や鳥類、シロマダラは爬虫類、ヒバカリとヤマカガシは両生類を主な餌としています。シマヘビとマムシは両生類や哺乳類、爬虫類などいろいろな餌を食べます。雑草の生えた土の畔のある水田は多くのカエルが生息し、それらを食べる蛇たちにとってすみよい環境です。そのような水田には複数種のカエルが生息していて、季節ごとに水田内のカエルの種類も変化します。カエルを食べる蛇たちは季節に応じて、最も効率よく食べることのできるカエルの種類を選ぶことができます。しかし、最近では土の畔がコンクリート化されたりして、カエルの生息が困難になってしまいました。また、小型で移動能力が低く、高温に弱いタカチホヘビやヒバカリは、コンクリートの溝に落ちたまま出られなくなり、熱死してしまうこともあります。

蛇の体温は外気温に影響されますが、昼間活動する蛇は日光浴によって体温を高めることができます。涼しい季節には、気温よりも蛇の体温が高いことがしばしばあります。気温が二〇度未満のときでも、日光浴をしている蛇は体温が二五度くらいになっていることもあります。しかし、日光浴中の蛇は敵に対して無防

コンクリート製の溝に落ちて、脱出できなくなったタカチホヘビ

備なので、日光浴場所のそばには危険が迫ったときに逃げ込めるような穴などが必要です。大きな石を積み上げた昔ながらの石垣は蛇の日光浴場所としては最適でした。最近ではこのような石垣は壊されて、ブロック塀にされたり、石垣の穴はコンクリートで埋められてしまっています。蛇たちは貴重な日光浴場所を失ってしまったのです。また、石垣は蛇たちの冬眠場所としても重要な場所です。真冬に石垣の改修工事を行ったところ、多くの冬眠中の蛇が石の間から出てきた例があります。

このように土のある畔や、昔ながらの石垣は蛇たちにとって、すみよい環境だったのです。里山の環境が変化するにしたがって、蛇たちにとってもすみにくい世の中になってしまいました。　（森口　一）

45 きれいな里山、危険がいっぱい

薪炭林として利用されていた一昔前の里山をイメージしてみましょう。やぶが定期的に刈り払われ、落葉も利用されるので、林床は常にきれいに管理されて、散策しやすい環境をつくり出していました。そのような人間の目から見たら、郷愁をそそるすばらしい里山のイメージを、ちょっと変わった鳥の立場からのぞいてみましょう。

里山で生活する鳥たちはほとんどが森林性鳥類です。彼らの繁殖は、その種類に特異的なそれぞれの場所を選んで巣をつくることから始まります。つまり、木のほら穴（樹洞）を利用するもの、葉っぱの多い枝の部分（樹冠）を利用するもの、直接地面もしくは林床のやぶなどに営巣するものなどとグループで大きく分けられるのです。そこで重要なのは、敵からいかに逃れられるように巣をカモフラージュできるか、もしくは巣をつくる場所としてなるべく敵のこない環境を選べるかにかかっています。

北海道札幌市近郊の林と比較的標高が高くて奥地に入った森林とで、それぞれの営巣場所を利用する鳥の生息割合を算出したところ、奥山林に行くほど地上（林床を含む）に営巣する鳥が全体に占める割合が高いことがわかりました。しかし、同じ札幌近郊林でも、林床が丈の高いササに覆われた環境では、そうでない環境に比べて地上・林床営巣性鳥類の占める比率が高いことがわかりました。これは、林床植生がまばらな環境では、敵に襲われる率が高いために、うまく繁殖できる鳥が少ないのではないかと考えられます。

鳥の巣卵、ヒナに対する天敵として、まず、キツネやタヌキなどの哺乳類、カラスやタカなどの鳥類、ヘビなどが考えられます。さらに最近は、ネコが特に脅威になっています。里山のように住宅地、農耕地が比較的近くにある環境では、人間に飼われているネコが時折山に入り込み、鳥の繁殖を阻害する傾向が顕著に現れています。ネコは元来、密生した林床植生にはそれほど好んで侵入することはありませんが、山菜取りや散策などで人間が山の中に道をつけてしまうと、容易にそれをたどって侵入することができるようになります。

またカラスやタカなどの鳥類は、上方から他の鳥の巣をねらいます。しかし、巣の周りが密生したやぶだと、かなり侵入を防げているという結果が得られています。これまで森林では、樹洞に巣をつくる鳥が最も繁殖の成功率が高いといわれてきました。たしかに、狭い樹洞の中にはせいぜいヘビか小さなネズミのような哺乳類くらいしか入れないので比較的安全といえます。それに比べて、樹冠や地上に巣をつくると、どこからでもねらわれやすいことが容易に想像できます。しかし最近、場所によっては地上につくった巣のほうが樹洞より成功率の高い場所があることもわかってきています。それには、やはり林床の密生度合いが深く関連するといわれています。昔のように林床を見通しのよいようにきれいに管理することによって、かえって危険性の増す鳥類が現れるという面白い結果が見られそうです。

（川路則友）

46

森を育ててきた動物たち——タヌキ

カチカチ山、ぶんぶく茶釜、証誠寺の……といえば、そう、きっとタヌキの姿を思い浮かべることでしょう。タヌキは哺乳類のなかでもキツネなどと並んで、古くから日本人の生活に近い存在として親しまれてきました。タヌキはイヌ科の動物で、日本を含む東アジアの特産種です。

里山などの人里近くにすみ、身近な動物としてよく知られるタヌキですが、夜行性ということもあってその生態には不明なことがまだたくさんあります。近年、このタヌキの研究もいくつか行われるようになり、いろいろなことがわかってきました。なかでも興味深いのが「ため糞」と呼ばれる習性です。これは、タヌキがある決まった場所に糞をするというもので、いってみれば彼らの公衆トイレのようなもの。タヌキの場合、一頭で数か所のため糞を持ち、また複数のタヌキが利用するため、ため糞はタヌキ同士の情報交換の場として用いられているともいわれています。

さて、このタヌキのため糞ですが、私たちにもさまざまなことを教えてくれます。ため糞が見つかれば、そこにタヌキがすんでいるということはすぐにわかりますし、その糞を調べれば彼らの食事メニューを知ることもできるのです。例えば春にはサクラやヤマモモなどの種子（たね）、夏には昆虫やザリガニの外骨格、そして秋には再びアケビやカキなどの木の実の種子がたくさん出てきます。また、ミミズなどもタヌキの好物です。このようにタヌキは森の中のさまざまなものを食べて生活しているのです。特に秋には森の木の実がメニューの多くを占めるようになりますが、タヌキの体内で消化されずにため糞に排泄された木の実の種子は翌年に芽を出すことがあります。春、森の中でタヌキのため糞をいくつか観察していると、しばしばため糞の中にカキなどのたくさんの芽生えを目にすることがあります。なかにはまるでタヌキがその芽生えを大切に育てているかのように見えるものもあります。実際にはこうして芽生えた稚樹のうち成木として生き残るものはごくわずかであると考えられますが、タヌキは鳥や野ネズミなどのように、森の樹木にとって都合のよい種子の運び役となっているのです。

タヌキの「ため糞」

最近では開発が進み、街中での生活を選ぶタヌキが増えているようです。そのようなタヌキたちの食事メニューには人間の出した生ゴミなどが多く含まれます。また、人間の生活に近づきすぎたために交通事故に遭ったり、イヌやネコなどの病気に感染してしまうケースも増加しているのです。私たちは里山などの森林を生活の糧として利用することもなくなりましたが、改めて彼らとともにはぐくんでいくことのできる森林の姿を考え直す必要があるのではないでしょうか。

（角谷知彦）

47 厳しい生存の掟――ノウサギ

里山は多様で複雑な生息環境をさまざまな野生哺乳類に提供してきました。童謡や物語にノウサギ、サル、キツネ、タヌキなどなじみ深い動物が多く登場していることからも、我々の祖先が里山においてさまざまな動物と交渉の機会を持ってきたといえます。地域により異なりますが、本州、四国、九州における里山の代表的な哺乳類として食虫類三種、翼手類三種、ウサギ類一種、げっ歯類五～六種、食肉類六種、霊長類一種、偶蹄類二種の合計二〇種以上が挙げられます。これらの体サイズは小型・中型獣から大型獣まで含まれ、また食性からみても草食、昆虫食あるいは雑食と多様な動物で構成されます。

里山の代表的な動物の一つに、童話や童謡などの素材に使われ、私たちの郷愁をそそる身近な動物としてノウサギがいます。北は北海道から南は九州まで広く分布していますが、北海道に生息するノウサギはエゾユキウサギ（ユーラシア大陸に分布するユキウサギの亜種）、本州、四国、九州およびそれらの属島に生息するのはニホンノウサギ（わが国の固有種）という種です。戦後復興期から高度経済成長時代にかけて、里山を中心に広範囲に植林されたスギ、ヒノキ、カラマツなどの苗木を増殖したノウサギが食害したため農林業家にとって大問題となり、被害防除の研究が盛んに行われるようになりました。

ノウサギは中間的な体サイズ（体重二～四キログラム）と数の豊富さのために、イタチやキツネなどの肉食獣、ワシャタカなどの猛禽類の餌となり、生態系のなかで重要な役割を担っています。これらの捕食者に対して、ノウサギは対捕食戦略として鋭い聴覚を持つ長い耳と俊敏な走行性を持つ長い足を発達させましたが、どの程度捕食されているのでしょうか。その死亡率を明らかにするために、ノウサギ個体群の年齢構成分析方法として下顎骨骨膜に形成される年輪をカウントする方法が開発されています。この方法によると、満一歳まで生き残る個体はエゾユキウサギで一〇～二〇%、ニホンノウサギで二〇～五〇%とかなり低く、最高齢で四歳弱、平均年齢は一歳あまりときわめて短命です。ノウサギの一頭の雌は一年間に平均で一〇頭の子を産むことから、誕生後翌年の繁殖期に参加できる個体は一～数頭とかなり少ないことが明らかになりました。

ニホンノウサギ

近年、ノウサギの生息数が全国的に減少したといわれています。全国のノウサギの狩猟捕獲数は年間三〇万頭で、二〇年ほど前に比べて三分の一に減少しています。この原因として、伐採地面積の減少による適切な生息地の減少や人為的影響などが考えられます。ノウサギはイヌワシやオオタカなど絶滅の恐れのある猛禽類の重要な餌の一つです。これらの捕食者の生活を守り、また健全な生態系を維持するためにも、ノウサギの生存は十分に保障される必要があります。

（山田文雄）

48

文化がチョウをまもることもある

幼虫時代に主にトチノキの花を食べて育つスギタニルリシジミというチョウがいます。年一回、早春だけに現れるこのチョウは、茨城県では一九九〇年代前半までに三匹しか採集されていないまれな種でした。本来は原生林を好む種ですが、茨城県内に残る原生林にはトチノキが非常に少ないのです。ところが一九九七年の春、私は茨城県北部の国有林でこのチョウが林床のカタクリの花に群れ飛んでいるのに出会いました。

その林は、約五〇年前に伐採記録がある二次林でした。直径一メートルを超えるトチノキの大木がたくさん生えていましたが、トチノキがこれほど大きくなるのには五〇年では足りません。つまりこれらのトチノキはなんらかの理由で伐採されずに残されたものだったのです。トチノキは、各地で木工品(材)、食糧(果実)、ミツバチの蜜源(花)などに利用されてきました。この林のトチノキが残された理由を知るために、まず当時の国有林の事業計画を調べてみました。伐採に際してケヤキなどの有用樹木を残すことにはなっていましたが、トチノキの名は出てきませんでした。次に国有林の作業は地元住民を雇って行われる場合が多いため、以前この地域の国有林を管理していた担当者や土地の古老から話を聞いてみました。その結果、当時トチノキの材を利用していた可能性が低いことや、すでに昭和初期には果実を通常の食糧としてはいなかったことなどがわかりました。しかし同時に、昭和五〇年代に入っても催し物の際にトチモチをつくって出品していたという情報も得られました。この地域にも果実を利用する習慣があったらしいのです。つまり伐採当時に食糧として利用するために残されたとはいえないまでも、さらに前の時代から救荒食糧確保を目的に樹が保護されてきた可能性は高いと考えられました。またミツバチの蜜源として利用していたという話は聞けませんでしたが、この林のトチノキの幹にはかつてニホンミツバチが営巣していて、住民が蜂蜜を採取していたことがわかりました。実際、これらの樹の幹には今でもいくつもの洞穴を見ることができます。

スギタニルリシジミ

トチの実を食糧として利用してきた多くの地方では、長い間トチノキは「禁木」とされて伐採を免れてきました。この林のトチノキも、一〇〇年あるいはそれ以前から救荒食糧確保やミツバチの営巣場所の保護などのために残されてきたのでしょう。その禁伐意識が五〇年前の伐採当時には住民の意識の奥底に生きていて、国有林の事業計画にはないトチノキを残すことにつながったとも考えられます。近年里山にすむ多くの昆虫は、草原の草刈りの停止や雑木林の放置などのために好適な生息環境をなくし減少の一途をたどっています。文明によって自然が失われていく場合もありますが、ここでは山里に伝わった文化的記憶が貴重なチョウの生息場所を保護してきたのです。

（井上大成）

49

いつのまにか希少動物——メダカ

小川の生物のなかで最も身近なものといえば何を思い浮かべるでしょうか。多くの人はメダカやドジョウなど小さな淡水魚を挙げることでしょう。たしかに、誰でも幼いころに小ブナやモロコを釣ったり、メダカを飼育した経験があるはずです。ところが近年、なじみの深いメダカは日本中の水田から姿を消しつつあります。そのため、環境庁の新版レッドリストでは、メダカは三番目に危ないランクの「絶滅危惧II類」に位置づけられました。

メダカが全国的にいなくなったのはなぜでしょうか。戦後、農地整備によって私たちは食糧の安定した供給を受けることができるようになりました。近代的な整備の方法を採用すると農業用水路の川底と両岸がコンクリートで固められ、卵を産む水草や洪水時の逃げ場がなくなってしまいます。ひどい場合には、耕地整備のときにパイプラインを施設して用水そのものをなくしてしまいます。用水が残ったとしても水路は深く掘られ、大きな水路と水田との間に大きな落差をつくります。梅雨時に稚魚が水田から水路へ流されると二度と水田には戻れません。おまけに刈り取り前には水が止められ、水路はカラカラに乾きます。

このようなやり方はほぼ全国的に採用されており、メダカを急減させた主要な原因と考えられます。また、水田を産卵場や仔稚魚の成育場として利用する多くの淡水魚に、農薬が大きな負荷を与えたことは想像に難くありません。耕地面積の狭い我が国の水田で生産性を効率的に高めるためには、効きのよい農薬の使用が不可欠でした。メダカも間接的には私たちの食糧の犠牲になったのです。

メダカはまさに水田の指標生物です。それゆえ、メダカを保護できれば、小川や水田にすむ他の水生生物も同時に保護できるのです。消えたメダカを復活させるために、自宅で増やしたメダカをあちこちに放流する篤志家が何人もいます。また、環境教育の一環と称して、児童にヒメダカを放流させることも珍しくありません。メダカには長い歴史をかけて進化した地方集団がいくつもあります。希少魚の増殖を目的として、もともと在来の魚が生息していた水系にほかの水系に由来する個体をむやみに移殖すると、交雑を起こして健全な遺伝子資源を損ないます。この現象は遺伝子汚染と呼ばれ、進化の研究に大きな混乱を招きます。

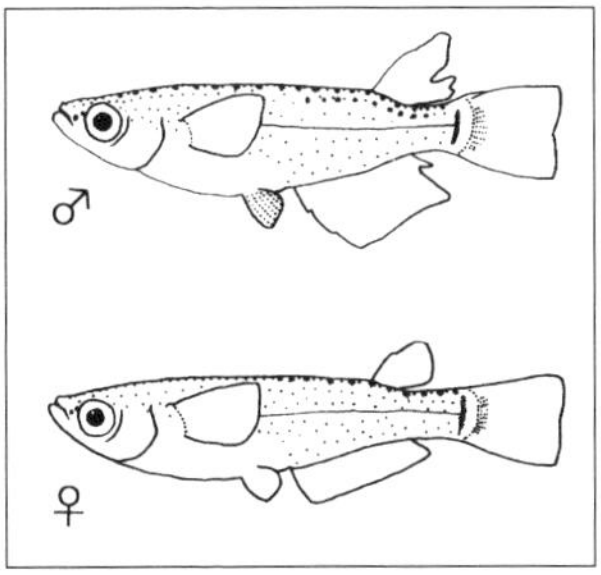

絶滅危惧II類に位置づけられたメダカ *Oryzias latipes*

淡水魚を保護する正しい方法とは、個体を補ったり緊急避難させたりするものではなく、生息場所での減少要因を科学的に分析し、もともと生息していた個体群が自力で増えるよう、条件を整えてやるのが本筋です。例えば、圃場事業では稚魚の成育場となる水田と、成魚の生息場所となる小溝や越冬地となる水路との連絡を可能にするなど、メダカの生活史を十分に考慮する必要があります。農薬散布に当たっては、周辺環境にも十分に配慮することが強く望まれます。

（細谷和海）

50

水辺があっても森がなくては——トンボ

我が国には二〇〇種近いトンボが生息しています。イギリスのトンボはわずか五〇種程度、ヨーロッパ全域でも約一六〇種といいますから、日本列島は実に豊かなトンボ相に恵まれていることがわかります。

トンボの幼虫はすべて水中で生活し、山地渓流から河川の中・下流域、湿地、池沼、水田などあらゆる水域に進出しています。水から上がって成虫になるといったん水辺を離れるものもいますが、やがて生まれ育った水域に戻って繁殖活動を行います。森に囲まれた山地渓流に生息するムカシトンボやトゲオトンボ、ミルンヤンマなどを別にすれば、たいていのトンボは開けた水域で見かけることが多いため、トンボは森林とあまりかかわりなく生活しているように思われがちです。平地の池沼に多いシオカラトンボやギンヤンマ、湿地や休耕田に見られるハッチョウトンボなどは、確かに樹林地を必要としません。しかし、そうしたトンボは実は少数派であり、たいていのトンボは森がないと暮らしていけません。

例えば、アカトンボ類やチョウトンボなど、里地のトンボの多くが羽化後いったん水辺から離れて森林に移動し、そこで十分に餌を採り、性的に成熟してから羽化した水辺に戻って繁殖行動を始めます。カトリヤンマやヤブヤンマのように、採餌、休息そして交尾の場所として、成虫期を通して森林を利用するトンボもいます。河川の上・中流域に生息するカワトンボ類やサナエトンボ類も、未熟な成虫は水域を離れて森林で採餌しながら成熟します。やがて成虫は水辺に戻り繁殖活動を行いますが、ねぐらとしてあるいは交尾場所として水辺の林を利用します。つまり、彼らが一生を通じて生活するには、森林、水辺林、幼虫の生息に適した渓流という生息地のセットが必要です。

森林には、トンボの幼虫が生息する水域に注ぐ水の量を安定させ、水質を維持するという大切な働きもあります。流水域に生息するサナエトンボ類には、ヒメサナエのように幼虫が数キロメートル以上も流下移動するものがあり、上流の産卵場所と下流の羽化場所が遠く離れるため、長く連続した清流を必要とします。また、軍配に似た扁平な脚を持つことからそう呼ばれるグンバイトンボ（写真）のように、山すそのゆるやかな清流にしか生息できないため、生息地が著しく局限される種類もあります。こうしたトンボの生息環境を守るには、水をはぐくむ森林を適切に管理しなければなりません。

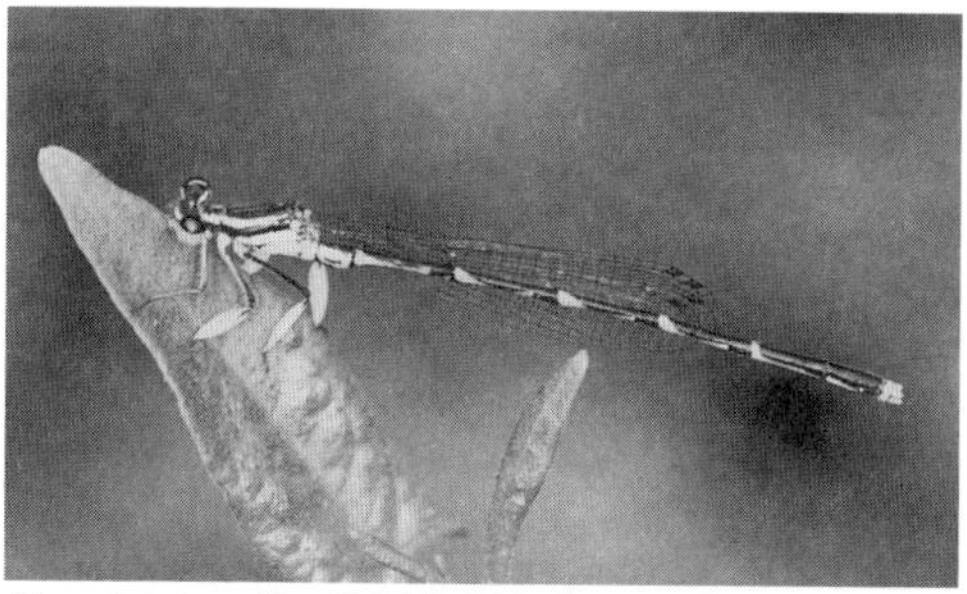

グンバイトンボの雄（高知県新庄川水系）

各地で水辺生物のビオトープづくりが始まっています。しかし、たくさんの種類のトンボを呼び戻すには、幼虫が生息する水域を再生してやるだけでは十分とはいえません。豊かな里山をつくり、里山林と水辺の関係を取り戻すことが大切です。

（前藤　薫）

51 谷地では——湿地帯の微生物

渓流の源頭部近くの谷間や斜面下部の窪地はジメジメとしています。このような湿度の高いところでは、枯れたナラやブナの木の上などにヒラタケ、ナメコまたはナラタケなど腐生性のキノコをよく見ることができます。また、渓流のいつも水に浸っている流木にも、水面からわずかに顔を出した部分に、チャワンタケ類のキノコを見ることができます。山間の谷間や渓流には、これらさまざまな分解菌の働きで、周囲の土壌から、さまざまな栄養分が流れ込んできます。

したがって、谷間の渓流や湿地で生育する樹木は、水に浸った根から直接、栄養分を吸収しており、まるで水耕栽培されているようです。そのため、比較的乾燥した土壌中で樹木の根と共生関係にある菌根菌が樹木の細根を覆って乾燥害から樹木を守り、また、樹木の養分吸収を助けるというような役割は、湿地で生育する樹木に対しては発揮されません。

湿地帯ではハンノキの仲間を見かけます。これらの樹木の根には、放線菌の一種であるフランキア菌が根粒を形成して、そこで大気中の窒素を固定しています。ハンノキ属の樹木のほかに、フランキア菌によって根粒を形成する樹木として、ヤマモモ、グミ、モクマオウおよびドクウツギなどがあります。フランキア菌による根粒の形成は、湿地でよく見かけるハンノキ、カワラハンノキ、ヤハズハンノキなどに限られたものではなく、尾根筋などの乾燥した土壌でも生育するヤマハンノキ、ヤシャブシやオオバヤシャブシにもあります。そのため、根粒を形成して窒素を固定する能力は、湿地で樹木が生育するのに必須の特徴ということではありません。しかし、湿地という常に水浸しの厳しい環境でハンノキが生育するためには、通常不足気味な窒素栄養源を大気中の窒素固定により得ることは有効なものとなるでしょう。

新緑の季節、根粒菌により十分な窒素栄養分を獲得したハンノキ類の新葉は、鮮やかな緑色で展開します。しかし、夏を前にして、これらの葉は昆虫に食べられて葉脈を残すだけの無惨な姿になってしまうこともあります。昆虫も栄養が十分なおいしい葉を知っているのでしょうか。その後、ハンノキは、夏ごろに再び新たな葉を展開することもあり、ハンノキ類の成長力の強さを知ることができます。この強い成長力を利用して、ハンノキは田や畑の周りに植えられ、葉や枝などが刈り取られて緑肥などに用いられてきたようです。定期的に刈り取られても生育し続けるハンノキの強い成長力を維持していくうえでも、窒素栄養源を獲得するのに欠かせない根粒菌は重要です。窒素を固定する樹木が生育することでまた、栄養分が少ない土壌は徐々に肥えていき、他の樹木の生育に適した肥沃な土壌へと変わっていくのです。

（山中高史）

ヤマハンノキの根粒

52 田んぼは水生昆虫のゆりかご

里山を生活の場とする水生昆虫は多様性に富みます。カゲロウ、カワゲラ、トビケラ、トンボ、ブユ、ユスリカ、ホタルは幼虫期だけ水中で過ごし、成虫期は陸上で生活します。それに対し、タガメ、タイコウチ、ミズカマキリといった水生カメムシ類やゲンゴロウ、ガムシ、ミズスマシといった水生甲虫類は成虫がよりよいすみ場所を探して飛ぶときのほかは、幼虫期から成虫期まで一生水中を生活の場としています。また、アメンボ類のように水上で生活し、水面に落下した小動物を捕食する半水生昆虫もいてその生活ぶりは多様です。食性は、ガムシ類など一部の植食性を除くと大半が肉食性なので天敵としての役割が大きいのです。

ため池や湿地の枯れ葉の下で越冬したタガメやミズカマキリは、水田に水が引かれるころ田んぼに飛んできて畔などに産卵します。孵化した幼虫は浅くて暖かい水の中で豊富な餌を食べて発育し、水が抜かれるころ成虫になってため池へ移動します。

里山に春がきて、田んぼで耕起、引水、代かき、施肥といった作業が進んで田植えが行われるころ、田面水の栄養塩類濃度が極度に高まり、植物プランクトンが異常繁殖します。するとそれを食べる動物プランクトンが異常繁殖します。プランクトンがいる間は小魚や若い水生昆虫が豊富な餌を食べて育ちますが、栄養塩類が消費され尽くすとプランクトンは急激に減少します。四～五月ごろ田んぼで起きるこの現象をスプリング・ブルームといいます。スプリング・ブルームが収束する六～七月ごろはウンカ、ヨコバイ、クモなどイネの上で生活する昆虫や小動物が水面に落下して、水生動物の重要な餌となります。

日本産のゲンゴロウ一一七種のうち、四一種が水田に生息します。本来水田はゲンゴロウにとって理想的な生息環境だったのですが、環境悪化に伴ってしだいに姿を消し、今ではきれいな湧き水のある山間地の放棄水田や休耕田に絶滅危惧種や希少種が細々と生き残っています。

里山の水生昆虫は、モンスーン気候の風土で培われた慣行的な水田作業暦にその生活史を順応させて生き延びてきました。しかし、一昔前まで当たり前に見られた里山の水生昆虫が最近は激減してしまいました。原因として、過剰な農薬散布と水質汚染、圃場整備による乾田化、畦畔や水路のコンクリート護岸による泥岸の消失、田んぼ・湿地・ため池の消失、郊外における高照度照明の増加、外来生物の侵入と分布拡大、マニア・昆虫商による乱獲が挙げられます。里山の環境を見直す最近の動きのなかで、わずかな復活の兆しも見られます。多様な生き物と人間が共存した豊かな自然の財産を未来の子孫に継承できるよう、里山保全の適切な方策についてみんなで考えていきましょう。

（松村　雄）

タガメ（撮影：小西和彦）

53 狭められた生活環境――カエル・サンショウウオ

子どものころ、おたまじゃくしを捕って遊んだことがありますか？　人により場所により違うでしょうが、時代が新しくなるにつれ、その経験は少なくなるようです。そう、かつて身近だったカエルたちは時代とともに減っているのです。今では平野の水田にたくさんいる種類は緑色の小さなニホンアマガエルだけといってもいいほどです。どうしてこうなってしまったのでしょうか。その謎を解くカギは里山にあります。

里山には谷沿いに細長く伸びた棚田があります。谷地田または谷津田と呼ばれたりもします。そういう場所に行くと、まだまだたくさんのカエルなどの両生類がいます。関東の場合を例に挙げましょう。早春には、まず谷地田に点在する湿った水田に、二種類のアカガエルとトウキョウサンショウウオが産卵します。近くのため池ではアズマヒキガエルがたくさん集まってひも状の卵を産みます。田に水が引かれると水田は急に賑やかになります。ニホンアマガエルとそれよりひとまわり大きいシュレーゲルアオガエルが大きな声でコーラスを始め、トノサマガエルに似たトウキョウダルマガエルがゲロゲロとテリトリー宣言をします。小川ではいぼいぼのツチガエルが地味に鳴き出します。イモリもおたまじゃくしを食べにやってきます。ため池のそばの木の枝にはモリアオガエルの泡状の卵塊が産みつけられます。畔道は変態した仔ガエルであふれかえります。これらのうち、トウキョウサンショウウオ、ヤマアカガエル、モリアオガエルは親の生息場所として深い森が必要らしく、昔から平野にはいませんでした。あとの種類がいなくなったのは最近です。

里山にきてみると、水田一つ一つが小さく不ぞろいなことに気がつきます。水田の畔は草に覆われ、水田と水田の間を土の底の小川が流れています。カエルたちは水路に落ちても草につかまって上がれるために、水田やため池から森林へと自由に移動しています。水田に産卵する種類も多くは周辺の森林で暮らしているのです。森林は水をため込み、放出して、田に水を引く前の早春にも湿田をつくり出し、産卵場所を供給します。これが平野では違います。水路は落ちたら絶対に出られないようなコンクリート製です。水田地帯に広がる水路はまるで張り巡らされたわなのようです。水田自体がコンクリートの畔で囲まれていることさえあります。大きく、効率的にされた水田は、冬には乾燥するようにつくられていて、早春に産卵する種類に必要な水たまりはできません。この環境に生き残れるのは、吸盤を持っていてコンクリートをよじ登れる、しかも土の水路や畔も早春の湿田も必要としない、ニホンアマガエルだけなのです。今では、全国の里山の谷地田にもこの農地改良が及びつつあり、カエルたちの将来には暗いものがあります。

（大河内　勇）

里山の水田に産卵されたニホンアカガエルの卵塊

54 セミは夏だけにあらず

里山の昆虫といえばセミ。我が国には実に三二種のセミがいます。これはチョウの約二三〇種と比べると少ないようですが、イギリスには一種しかいないことを考えると、我が国は「セミの国」であるといってもよいでしょう。

セミというと「夏の昆虫」のイメージがありますが、実は二月には八重山諸島でイワサキクサゼミ（日本最小のセミでサトウキビの害虫）が鳴き始め、また十二月の終わりごろになっても小笠原諸島ではオガサワラゼミ（ツクツクボウシに近い種）が鳴いているといった具合に、ほぼ一年中どこかしらでなんらかのセミが鳴いているのです。

里山のセミとしては、東京周辺では五月のハルゼミ、梅雨前後のニイニイゼミ、初夏から真夏にかけてのヒグラシ、真夏のアブラゼミ、ミンミンゼミ、そして夏の終わりを告げるツクツクボウシが挙げられますが、最近ではこれらにクマゼミも加わっています。

ところで、九州の北東約一五〇キロの玄界灘に長崎県の対馬があります。ここには現在でも水田や畑、そしてシイタケ栽培のためのコナラなどからなる雑木林が連なる典型的な日本の里山の風景が広がっていて、なんともいえない味わいがあります。この里山にも七月のニイニイゼミを皮切りに、アブラゼミやミンミンゼミ、関西ではふつうのクマゼミ、そしてツクツクボウシがいます。ところが対馬には、秋も深くなった十月半ばに現れ、冬の初めの十一月まで鳴く風変わりなセミがいるのです。

そのセミはチョウセンケナガニイニイといいます。その名のとおり、国外では朝鮮半島から中国中部にかけての大陸に分布し、体中にまるで寒さを防ぐかのように長い毛がたくさん生えた、ぬいぐるみのようなセミです。夏に出るニイニイゼミと似ていますが、体に厚みがあり頭や目が大きく、鳴き方もずいぶんと異なります。本種が多い雑木林にたたずんでいると、林全体に「チーチーチーチー…」という鳴き声が響きわたり、季節は秋のはずなのに、そこだけがまるで真夏のように感じられるほどです。本種は古くからその存在が知られていたものの、出現期が特異で樹の高いところにしか止まらないことから謎の種とされてきました。初めて採集されたのは一九五六年十一月のことで、新聞にも報じられました。

チョウセンケナガニイニイ

本種はその分布からみて、かつて日本列島が大陸と陸続きであったことを示す貴重な「生き証人」であるといえます。一見なんでもないところのようですが、実はこのような貴重な種がすむ対馬の里山がいつまでも在り続けることを願わずにはいられません。

（大林隆司）

55 雑木林の王者——カブトムシ

子どもたちにとって、昆虫採集の目玉はなんといってもカブトムシ・クワガタムシ捕りでしょう。日本の里山にごくふつうに見られるカブトムシですが、自然が荒れていなかった大昔はもっとたくさんいたのでしょうか。カブトムシの生活は、人間のつくり出した環境と強く結びついています。カブトムシの幼虫が発生する堆肥、シイタケのほだ木、製材のおがくずは、農業や林業という人間の生産活動によって大量につくられていたものです。成虫のすみかもコナラやクヌギを主とした雑木林です。里山の雑木林は人工的に育てられ維持されてきました。原生林を調査してみたかぎりでは、カブトムシの生息環境としては厳しく、多くの発生は望めなかったと思われます。原始の日本ではかえって珍しい種であったに違いありません。

これほど身近なカブトムシですが、生活史や飼育法以外に生態的な知見はほとんどありませんでした。シバジョシーさんが日本にやってきて調べたことをこれから紹介します。

カブトムシのオスをたくさん調べると、ツノの大きさや形にずいぶん違いがあることがわかります。ツノの長さと翅鞘の幅を計測した結果、体が小さく短いツノを持つオスと体が大きく長いツノを持つオスの二つのタイプがあり、この二つのタイプの中間型はほとんどいないということがわかりました。多くの動物で、同種のオスたちがメスを見つけるために複数の行動をとることが知られています。これら複数の方法を「代

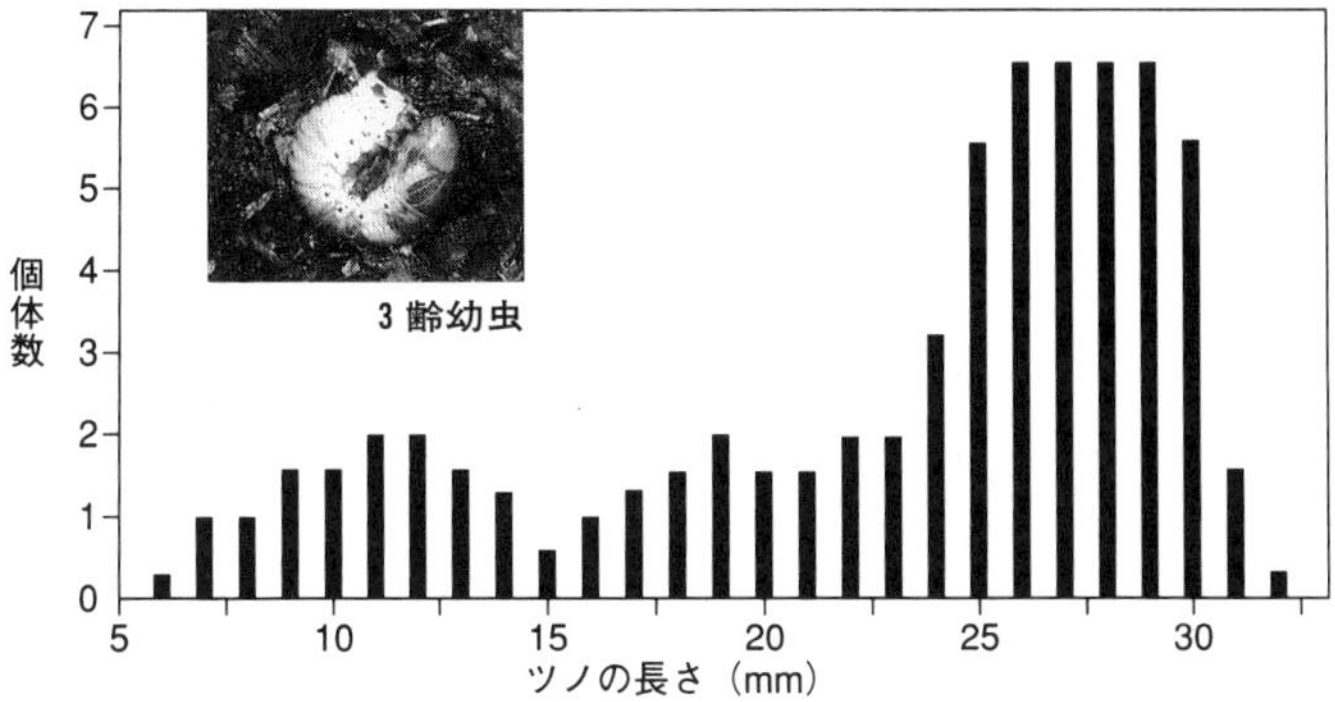

カブトムシのツノの長さの二山型分布（シバジョシー，1988より改写）

替交尾戦術」と呼びます。カブトムシも二つのタイプのオスで代替交尾戦術をとっていたのです。

メスは樹液の出る木に夜八時ごろから飛来し始め、翌朝六時ごろまでいますが、密度が最も高くなるのが午前〇時から四時三〇分の間です。大型オスはメスと同じ時間帯にきますが、密度が最も高くなるのが午前一時から三時ごろです。同じ場所でほぼ同じ大きさの大型オスがかちあうと、闘いになります。小さめの大型オスは闘う前に逃げる傾向にあります。小型オスが到着するピークは午後八時ごろ、密度のピークは午後一一時ごろです。こうすると、小型オスは大型オスに邪魔されずに摂食でき、メスと交尾できます。

大型オスのツノは闘い用ですが、小型オスのツノは暗がりで周りの状況を探るのに使われます。大型オスと接触すれば後退し、メスと接触すれば、交尾に成功することになります。野外でカブトムシを採集すると、大型オスにはひどく傷ついたものが多いのに、小型オスにはほとんど傷ついたものが見られません。

（植村好延）

56 里山で減る鳥、増える鳥

　里山は人によって利用される一方で、多くの鳥にとっても貴重な生息場所になっていました。しかし近年、里山から多くの鳥が急速に姿を消しつつあります。例えば、環境庁は一九九八年に日本版レッドデータブックの最新の鳥類リストを公表しましたが、そのなかのオオワシやライチョウと同じ絶滅危惧ランクに、新たにサンショウクイとチゴモズが加えられました。これらはいずれも比較的最近まで平地や低山帯で普通種として見られた夏鳥なのです。リストにはありませんがサンコウチョウ、コサメビタキなどの小鳥、サシバというタカなども姿を消しつつある里山の鳥です。これらの鳥はもともと平地林や低山帯に生息する種で、標高の高い深山幽谷にはほとんど生息しません。つまり里山から姿を消しているということは、日本での存続自体が危機に瀕しているということなのです。

　なぜこれらの鳥は減っているのか、答えは単純ではないようです。もちろん里山自体の減少も一因になっていますが、その減り方は種によってさまざまで、残っている里山でも消えている種もあるのです。一年中日本にいる留鳥に比べ、特に夏鳥の減少が著しいため、夏鳥の越冬地である東南アジアでの森林破壊が原因と考える人もいます。また、森林の構造の変化や都市化によって捕食者が増えたことが原因かもしれません。サシバの減少は、餌場となる水田の減少や質の低下も関係していそうです。いつまでも多様な鳥がさえずる

減少が心配されるサシバ

各地で増加しているソウシチョウ

里山であるようにするためには、鳥の減少の原因のさらなる研究と対策が求められるでしょう。

姿を消していく鳥もある一方で、逆に近年になって里山で見られるようになった鳥もいます。ソウシチョウ、ガビチョウ、カオグロガビチョウといった本来日本には生息しない外来の鳥たちです。ガビチョウは九州や神奈川県、山梨県の一部で、カオグロガビチョウも神奈川県に生息しています。ソウシチョウは九州と本州のやや標高の高い多くの地域で繁殖していますが、冬季には低山帯や平地でも観察されています。これらはいずれも飼われていたものが無責任に野外に放たれ、日本で繁殖するようになったと考えられます。

しかし残念ながら、地域の生物多様性を守るという観点からみて、外来の鳥の増加は決して歓迎すべきことではありません。それどころか、昔から里山にいた日本の鳥たちの新たな脅威になる可能性もあるのです。

（東條一史）

57 里に出るサルたち

最近、そんなに山奥でもないのにニホンザルを見かけたという経験はありませんか？　一昔前に比べるとサルの分布が山から人の住む集落へと広がっているという現象が、全国各地で見られるようになりました。それと並行してサルによる農作物被害や生活環境被害が問題になってきました。ではなぜサルは、集落のほうへ分布を広げたり農作物被害を引き起こしたりするようになったのでしょうか？　原因としては主に三つのことが考えられています。

まず第一の原因として、ニホンザルが本来生息地としていた広葉樹林が戦後の拡大造林期にスギやヒノキの針葉樹林に変わってしまったことがあります。ある年齢以上に成長したスギやヒノキの林にはサルの食物となる木の実や葉はほとんどありません。食物がなくなればそこから別の場所に生活場所を移さざるを得なくなります。第二の原因は、農地に行けば食物があるということにサルたちが気づいたということです。何を今さらと思われるかもしれませんが、農作物というのはもともとサルが食べているものとは違います。新しいものを食べるということに対してサルはかなり保守的なので、農作物を食べ始めるにはかなり時間がかかったはずです。長い年月をかけて徐々にいろいろな農作物を食べるようになって、農作物に頼る傾向がしだいに強くなってきたのでしょう。そして第三の原因は、農業の機械化とともに過疎化や老齢化が進み、人が田畑に出ている時間が少なくなったことです。もともとサルたちにとって人は恐ろしい存在でしたから、人がいつもいるところにはなかなか現れることができませんでした。ところが、人が少なくなり、里に出ても何も起こらないことがわかって、サルたちはだんだんと大胆になってきたわけです。

では、サルたちが里に出なくなるようにするにはどうすればよいのでしょう？　そのためには、三つの原因をなくすようにすればいいのです。まず、失われた生息地を回復するために、針葉樹林を混交林やアカマツ林あるいは広葉樹林に変えていくこと。もちろん長い年月がかかることですから、今すぐ取りかかる必要があります。それから、集落周辺にサルが定着しないように、廃棄されたものも含めて農作物をサルに食べられないような防除対策を立てること。さまざまな防除対策がありますが、効果のあるものを選んで適切に設置し管理することが大切です。最後に、できるだけ人なれが進むのを食いとめ、できれば昔のように人は怖いものだとサルに思わせること。これがいちばん難しいかもしれませんが、見つけたら追い払う、ボランティアを集めて追い払うなど、いろいろな方法で粘り強くやる必要があります。

里近くに出てくるサルたちは、通りすがりの観光客にとっては餌をやりたくなるかわいい存在です。ですが、餌を与えることは決してサルのためにはなりません。人を恐れなくなったサルはいずれ農作物に損害を与えるようになり、有害獣として駆除されてしまう可能性が高くなります。野生動物と共存していくためには、彼らと適当な距離を保ち続けるというルールを守っていくことが大切なのです。

（室山泰之）

58 絶滅してからでは手遅れ

江戸時代の約二五〇年間というもの、村の人々は決められた狭い地域の中で農業生産を強いられてきました。例えば千葉県の下総町七沢村では享保十九年（一七三四）から明治五年（一八七二）まで約四〇ヘクタールの土地で約一〇〇人の村人が暮らし、一二〜二二頭の馬を養っていたという記録があります。四〇ヘクタールの内訳は水田二〇・六ヘクタール、畑五・三ヘクタール、山林八・二ヘクタールで、この土地利用区分は一四〇年間ほとんど変わっていません。近隣には同じような規模の村がひしめいており、定められた土地から米、雑穀、野菜、林産物を得るために、植物の生産力をとことん利用して暮らしを成り立たせていました。明治維新後、日本の生産構造は変化し始めますが、昭和四〇年代初めごろまではいわゆる雑木林の景観がありふれたものでした。とはいっても、高度成長時代の前後に生まれた世代にとっては、このような里山の暮らしはすでに想像を超えており、里山をつくってきた人々の技術や文化はすでに絶滅しているか、絶滅寸前といえます。

ついこの間まで、自然の保護といえば原生的自然を保護することでした。人里には保護すべき貴重な生物はほとんどいないという認識のもと、見捨てられた里山は大規模な工業団地やニュータウン、ゴルフ場、産業廃棄物処理場などの対象地として無制限に切り崩されてきました。数えきれないほどの無数の命が切り捨てられ、人の暮らしと結びついた身近な生き物の大切さが切実に受け止められ始めましたが、いまだに希少なものが貴重だという考えから抜け出せないでいるように感じます。希少なものの存在をコントロールする権利を持った人々がそうでない人に力を行使できるからこそ希少価値が生じるのであり、自然の価値は希少性で測るべきではないと思います。

原生的な自然を大規模に開拓して農地造成を行なった南北アメリカ大陸やオーストラリアでは、農業は生物多様性に敵対する営為であるという認識が強いようですが、一方、ヨーロッパや東アジアのように数千年にわたる持続的農業が行われてきた地域では、農地開拓による生物多様性の喪失は破壊的なものではありませんでした。特に東アジアの水田稲作では人為的に張り巡らされた潅漑用水系によって水田と陸上植生が交錯する複雑な土地利用がなされ、水生生物、陸上生物、水陸両生の生物、一時的に水辺を利用する生物などが複雑にからみ合う生物群集が形成されていたからです。

一面の広大な森林地帯と、そこに水田と水田用水系が巡らされ、林を切り開いた空間に居住地が散在する地帯を比べたとき、どちらが生物の多様性が豊かかと問うことはあまり意味がありません。多少の生物多様性の損失があったとしても、自然を食いつぶさない生活様式を成り立たせてきたことが重要なのです。

現在の生活様式をそのままに里山の貴重さを訴えるのか、生活様式の転換を本気で行うか。それができないならば、変化に順応しうる生物のみとの共存に未来を託すのか、本気になって考える時期に来ているのかもしれません。

（長谷川雅美）

59 帰化動物が支える里山の野生動物

外来生物が帰化生物となるまでには、まず移入段階から野生化段階を経て帰化段階へという経緯をたどります。移入種が分布の拡大と爆発的な増加期を過ぎてから安定期を迎える過程というのは、在来の捕食者がその種類を新たな餌資源として利用し始める過程でもあります。それは外来生物を受け入れた在来の食物連鎖が後戻りできない変化をすることを意味します。

昭和初期に神奈川県大船町にウシガエルの餌として導入されたアメリカザリガニは、養殖場が閉鎖されたあと付近の河川や水田にすみつき、一九四三年ごろまでには千葉県一円に広がりました。逸出個体が養殖場の付近に生息していたウシガエルも、第二次世界大戦の終わりごろにかけて自然繁殖が認められ、一九五〇年代初めには関東地方の平野部一帯に広く生息するようになりました。アメリカザリガニの侵入が在来の動物相に大きな影響を与えたとはいえません。というのは、日本の自然にはアメリカザリガニに相当するような動物がもともとおらず、空白の生態的地位をすんなり占めてしまったと解釈されるからです。しかし、ザリガニの捕食者にとってみれば、アメリカザリガニの帰化は豊富な餌資源の出現を意味します。

実際、水辺で生活する中・大型の肉食哺乳類や鳥類の餌にはかなりの割合でアメリカザリガニが含まれています。例えば、千葉市の谷津田でニホンイタチの糞を採集してその中身を調べてみると、季節によって多少の違いはあるけれど、春から夏にかけては七〜八割の糞にアメリカザリガニが含まれていました。少なくとも、都市近郊の農村生態系における食物連鎖上位の動物の大部分が、帰化動物であるアメリカザリガニによって支えられていると考えなければなりません。ということは帰化動物は外国からの侵入者で、その存在がすべて悪であるという単純な決めつけは、簡単にはできなくなってくるということです。

一方、狩猟や釣りの対象動物として、さまざまな魚類、鳥類が日本に導入され、あるいは導入が検討された経緯があります。今の感覚ではとんでもない悪行に思えますが、当時の社会情勢のなかではそれなりの妥当性を持っていたのです。このような事情を踏まえたうえで、今後我々は帰化動物をどのように扱っていけばよいのでしょうか。帰化動物は、すでに日本の自然にとけ込んだもので、それをむりやり排除することは、かえって日本の自然を傷つけることになってしまう場合もあるのです。アメリカザリガニだけを殺す薬剤を散布して、水田地帯からこれを一掃してしまったら、サギ類もイタチも大打撃を受けるでしょう。

帰化動物の問題は、このように考えると、帰化の一つ前の段階、つまり野生化あるいはその前の移入段階で対処しなければならないことが明らかです。水際作戦を有効に機能させるということは、帰化動物を阻止するような検疫体制の整備を図ることにつながります。これは現在の検疫制度に欠けている点ですが、将来最も有効な対策であることに変わりはありません。成田空港と千葉港を抱えた千葉県が野生化動物の窓口とならないよう、見慣れぬ動物には常に注意を払いたいものです。

（長谷川雅美）

IV　里山の植物

60 里山の植物の多様性

里山にはどれくらいたくさんの種類の植物があるのでしょうか？　その答えには少し予備知識が必要です。植物の種類数を調べるには、調べる森林の面積を決めないと意味がありません。植物の種類というのは、面積を二倍にすると種類数も二倍になるというものではないのです。関東平野の雑木林で調べられた値では、一㌶（一〇〇㍍四方）の範囲には、樹木（この場合は高さ二㍍以上の木本植物）で一〇〜三〇種、林床植物で一〇〇〜二〇〇種が出現しています。いろいろな状態の森林があるので場所によって違いはありますが、このケースでは種数を二倍にするのに必要な面積は、木本植物では四倍、林床植物では六倍の森林面積が必要です（図）。このことは、里山の雑木林を保存する場合に、広い面積がいかに重要な意味を持つかを逆に物語っています。

里山の植物の多様性は、里山の地形の複雑さや、そこで行われた人為的作業によって異なります。一般に、谷津田や急斜面などいろいろな地形を含むほど多様な植物が生育できる環境が保証されます。また、一定期間ごとの伐採や下刈りなどは樹木にとっては多様性をなくす場合もありますが、適度な管理はアズマネザサやネザサのような特定の林床植物の繁茂を妨げるので、林床植物の多様性を増やすことになるようです。したがって、里山の植物を保全するためには、できるだけ多様な生育環境を残して適度な管理を行うことが必要となるのです。

里山の雑木林（二次林）は一般に集落の周辺にあるので、奥山の原生林とは標高や人為的影響の程度が異なり、生えている植物も違います。原生林のほうが生育する植物の種数が多いのでしょうか？　この問題の答えは少し複雑です。

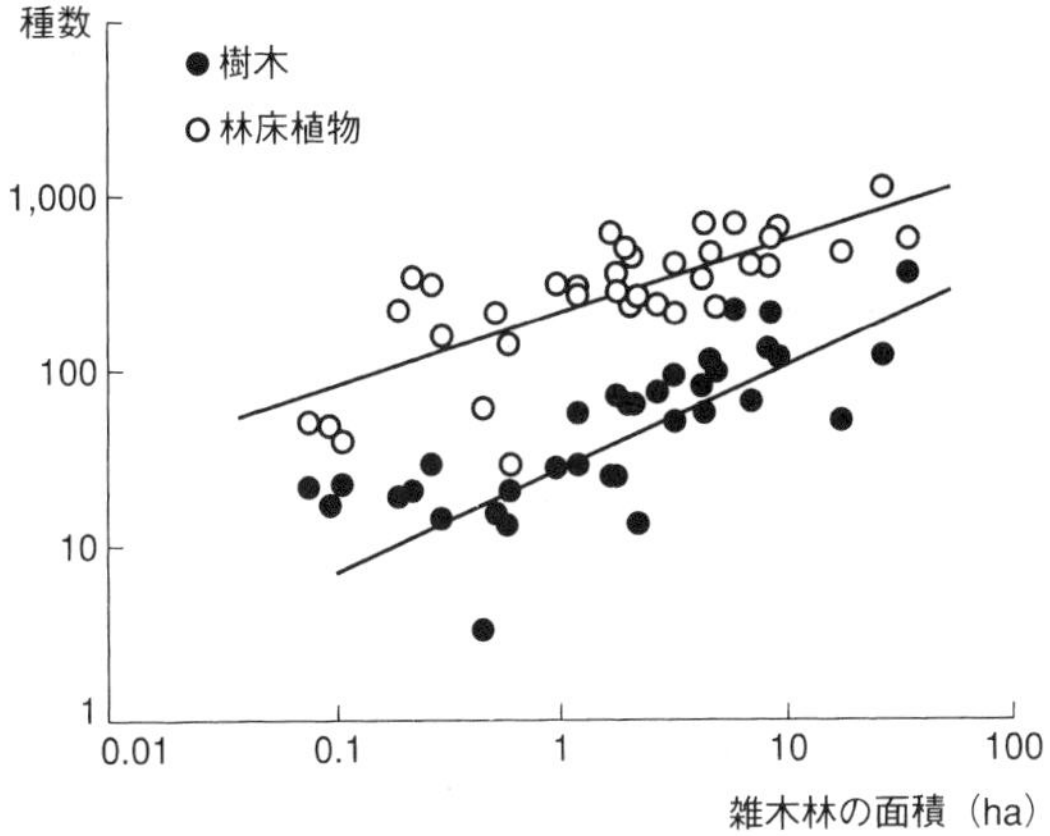

島状に残った雑木林の面積と種数の関係

直線回帰した関係から，2倍の種数を確保するには，樹木で4倍，林床植物で6倍の面積の森林が必要と推定される。

たくさんの森林を調べてみると、どうやら、小さい面積（一㌶以下）で比較すると二次林のほうがむしろ植物の種数が多く、大きな面積で比較すると逆に原生林のほうが多いようです。これには、薪炭林として伐採や森林の管理を一定面積（数百〜数千平方メートル）で均一に行ってきた歴史が関係しているようです。しかし、二次林は都市近郊においては森林植物の唯一の避難場所になっています。比較的森林の残っている中山間部においても原生林は非常に少なくなっていますし、種組成の単純な人工林が増えた現在、地域の植物相を最も豊富に養っている植生は二次林だといえるでしょう。（中静　透）

61 管理が必要な先駆樹種――アカマツ

現行の一〇〇〇円切手にはマツの木に止まっているタカが描かれています。これは、戦国時代の画家雪村周継の「松鷹図」からとられたものです。日本画の図案として同様に用いられる「松に鶴」の「鶴」は実はコウノトリの誤りなのだそうですが、「松に鷹」のほうは実際に見られる風景です。近年、里山を代表する猛禽であるオオタカの保護が各地で問題となっていますが、このオオタカが営巣に好んで利用するアカマツも里山を代表する樹木の一つといえるでしょう。

アカマツは、日本では北海道南部から本州・四国・九州にまで分布し、海外では朝鮮・中国東北部で見られます。ただし、北海道南部のものが自生かどうかについては議論のあるところです。

翼のついた種子をたくさん飛ばし、また、乾燥したところや栄養分の少ないところでもよく耐えて成長することができる性質があるので、山火事跡地や崩壊跡地などで他の樹種にさきがけて定着することができます。その反面、暗い林の中では育つことができませんし、栄養分が多いところでは他の樹種に負けて、生き残ることができません。里山のアカマツ林も放置しておけば林の中は暗くなり、落葉などが地表にたまって栄養分が豊かになっていきます。そのため、アカマツは林の中に自分の子孫を残せず、アカマツ林はやがて広葉樹中心の林になってしまいます。

アカマツの材は建築用材として用いられるほか、火力が強いので薪としても重宝されました。また、落葉落枝も燃料や肥料として利用されましたし、アカマツ林の中に生えてきたツツジ類などの広葉樹は、柴として利用されました。里山のアカマツ林はこのようにさまざまな形で利用され、放置されることはありませんでした。むしろ利用が激しすぎて、はげ山になってしまったところも多かったくらいです。放置でも過剰な利用でもアカマツ林は維持できません。うまく林を管理することが必要です。

花粉分析の結果によると、京都近郊では、およそ二〇〇〇〜一五〇〇年前からマツの花粉が急増したとのことです。そのころから人間活動の影響により、アカマツ林が広がっていったのでしょう。それが現在では逆に、利用されなくなったアカマツ林がだんだんと広葉樹の林へと置き換わりつつあります。さらに、松枯れ被害もこれに拍車をかけています。しかし一方では、岩手県岩泉町のように、マツタケ生産のため昔のアカマツ林の姿を復活させるという取り組みを行っているところもあります。アカマツ林を維持するかどうかは別にしても、このような里山の管理を復活させようとする試みが各地に広がることを期待したいと思います。

（伊東宏樹）

1000円切手の「松鷹図」

62 身近な森林を教育の場に

昔から「東に筑波、西に富士」といわれてきた筑波山は関東の名山です。東京に近く、身近な行楽地として毎年たくさんの人が訪れます。幼稚園児や小学生の遠足にもよく利用されます。山を訪れた子どもたちは、中腹の駐車場から徒歩やケーブルカー、ロープウエーで山を登り、山頂で昼食を食べて下山していきます。筑波山には、みやげもの屋は多数ありますが、自然や民俗、歴史、文化を教えてくれる施設がなく、ガイドも見当たりません（写真左）。子どもたちは、筑波山へきて何を感じて帰るのでしょうか。

筑波山には、南面に筑波山神社の所有する老齢林、北面に国有林の落葉広葉樹林、山麓に個人が所有するアカマツ人工林などが分布しています。神社林は、昔植栽されたスギが交じる自然林で、山腹を登ると標高七〇〇メートル付近でカシ林からブナ林に移行します。国有林はかつての薪炭林であり、コナラやシデ類が優占する雑木林です。アカマツ林はマツノザイセンチュウによる被害のためにだいぶ枯れて、広葉樹林に遷移しつつあります。筑波山には九〇八種の維管束植物（シダ植物、種子植物）が生育し、ここで発見された新種や新変種は二六種に上ります。このように、筑波山は低い山ながら多様な植物、標高に伴う森林帯の変化、植生への人間の影響、植生遷移などが観察できる貴重な場所です。また、筑波山神社などこの山にかかわる歴史的・文化的話題もたくさんあります。

アメリカの公園管理事務所に置かれている案内・教育用パンフレット

筑波山頂付近の広場

アメリカでは、残された都市近郊林を利用した森林公園や自然保全区が多数あり、レクリエーション施設とともに、地域の自然や歴史に関する展示や資料を備えたビジターセンターがあり、しっかり管理・運営されています。私が見たミズーリ州やイリノイ州の州立公園は、キャンプやハイキング、サイクリングなどの施設のほか、ビジターセンターと管理事務所が設置され、そこには生物や森林などの専門家がいて、自然観察会など教育普及活動が日常的に行われていました（写真右）。

日本の義務教育過程でも、これまでの科目に加えて環境教育の必要性が認識されています。都市近郊林や里山は子どもたちの絶好の環境教育の場ではないでしょうか。野生生物や環境を重視する社会の実現には、子どもたちが実体験を通して自然を学ぶことが重要です。身近な自然が残っている場所には、自然を学ぶための施設の整備と指導者の配置を積極的に行い、教育の場に変えていく努力が今後いっそう必要です。（田中信行）

63 ところ変われば里山も変わる――アカマツ・コナラ混交林

アカマツ林とコナラ林は、いずれも薪炭林、農用林として利用されてきた代表的な林です。どちらの林も自然林と異なり、森林帯の違いを超えて東北地方から九州にかけての広い地域に分布しますが、アカマツ林は近畿地方以西を中心に分布しているのに対し、コナラ林は関東から東北地方にかけてが分布の中心域です。優占種の構成としては、アカマツ林がほぼアカマツの純林であるのに対し、コナラ林ではコナラ以外のさまざまな落葉広葉樹が高木層に混ざります。林床植生は、植生帯と林の管理状況によって変化する傾向があります。また、定期的に伐採されることで更新が図られてきた点では共通していますが、アカマツ林は実生から、コナラ林は切り株からの萌芽によって再生します。

アカマツ林とコナラ林が同じ場所に存在している場合、一般的に乾燥した尾根部にアカマツ林、比較的水分条件のよい斜面にコナラ林が成立しています。しかし両者の存在様式は、地域によってかなり異なります。例えば関東地方の里山では、コナラ林が広がっている中に、建材あるいは境界木とするために植えられたアカマツ（またはスギ、ヒノキ）林が島状またはベルト状に点在しているという状況が一般的です。一方、関西以西では、地形や地質の違いによる水分条件の差が両者の分布に影響を及ぼすようになります。つまり関東では両林分の混交パターンに人為的な要因が強くかかわっているのに対し、関西では地形・地質などの環

アカマツ–コナラ混交林

境条件の影響が大きいのです。

このような成立要因の違いに加えて、伐採周期や林床植物、落葉落枝の採取の有無など施業法の違いもアカマツ林とコナラ林の林分構造に地域差をもたらしました。それらの施業法は環境条件を踏まえ、需要を満たすために長い間に培われてきた、その土地に最も合理的なものであったことでしょう。

地域によってさまざまに変化するアカマツ林とコナラ林の混交パターンと林相は、その土地の人々の生活と文化を支えてきた里山の景観の本質にかかわっており、地域文化の独自性を支える基盤にもなっていました。しかし近年は里山としての管理が放棄されたために荒廃が進み、特にアカマツ林はマツ枯れの影響もあって各地で急速に衰退しています。今後アカマツ・コナラ林の再生を計画するに当たって重要なことは、すでに失われつつある各地で培われてきたアカマツ・コナラ林の管理手法の記録を進めていくことでしょう。

（洲崎燈子）

64
西日本の雑木林の生い立ち——照葉樹林

関東から西の温暖な地域には常緑広葉樹林（照葉樹林）が広がっています。代表的な天然林として、シイ類やカシ類が林冠を構成するシイ・カシ林があります。この森林は集落に近い低山帯に広く分布していたため、雑木林（薪炭林）へと変化しました。薪炭林は、一九七〇年代までは薪や炭などの燃料を生産する重要な場として、およそ二〇〜三〇年周期で繰り返し伐採されてきました。これは、燃料材を生産するには自然の理にかなった方法でした。

シイ・カシ林の構成種であるツブラジイ（別名コジイ）は、寿命は短いものの萌芽（根元などから新しい芽を出すこと）する力が強く、成長の速い樹種です。最初、シイ・カシ林が伐採されると、コジイは伐採された根株から一斉に萌芽し、五〜一〇年のうちに林冠を覆います。二〇年ほどたつと、高木のほとんどがコジイとなり、薪や炭を生産するのにちょうどよい大きさに成長します(写真)。そして、その森林が伐採されると、再びコジイが萌芽して、二代・三代目のコジイ林へと成長していくのです。では、元からあったほかの木、特にカシ類はどのようになったのでしょうか。

カシ類もいくらかは萌芽します。また、シイ・カシ林の林床にはたくさんの実生があるため、最初の伐採後はこれらが一斉に成長します。しかし、コジイよりも成長が遅いために、次の伐採期を迎えた二〇年目には幼木の状態です。しかも、コジイは二〇年経つとすでに種子を生産するのに対し、カシ類はまだ種子をつくることができません。この状態で伐採されると、カシ類の実生は林床にないため、次の代にはわずかに萌芽したものだけが残ることになります。コジイは繰り返し伐採されても、強い萌芽力に種子からの発芽という応援を得て、カシ類などの他種を圧倒しその森林を独占してしまいます。

萌芽によって成立したコジイ薪炭林

このようにして、成立したコジイの薪炭林は西日本の里山の雑木林として、生活になくてはならないものとして維持・管理されてきました。近年ではその役目も終わり、すでに六〇年以上も伐採されていないコジイ林も増えてきました。このような林の中では、カシ類を中心に動物によって運び込まれた種子から発芽した個体やわずかに生き残っていた個体などが成長し始めています。それらは、寿命によって枯れ始めたコジイに置き換わり、元の照葉樹林つまりシイ・カシ林へと戻り始めているのです。

（田内裕之）

65 落葉樹林の林床で生きる植物たち

里の田んぼでツクシやフキノトウが顔を出すころ、雑木林には春の妖精たちが姿を現します。カタクリ、アマナ、フクジュソウ、アズマイチゲ、ニリンソウ……。落葉樹林に生きる可憐な花々です。

落葉樹林の林床には、木々が落葉する冬から早春にかけて豊かな直射光が降り注ぎます。これらの植物は早春の光の恵みを受けるべくいち早く葉を広げ、木々が濃い緑に茂るまでの二〜三か月間にあわただしく花を咲かせて種子をつくり、同時に地下器官にでんぷんを詰め込んで翌年に備えると、早々と地上から姿を消してしまいます。落葉樹林の四季のはざまに生きるそんなつかの間の命の植物を総称して、「春植物」または「スプリング・エフェメラル（春の短い命）」と呼んでいます。

落葉樹の葉は常緑樹に比べて薄いので、林床には夏の間もそれなりに透過光や木もれ日が届きます。そこで、より長期にわたって葉を広げ、夏の光も有効利用しようとする植物も出てきます。それがスミレ類やヒトリシズカ、イカリソウ、フタバアオイ、チゴユリ、ウバユリ、エンレイソウ、エビネ、マムシグサといった植物で、乏しい光を効率よく受けるために、葉が互いに重なり合わないように薄く大きく広げます。

厚く丈夫な葉をつけて、大事に長く使うことで林床の貧しい光条件に耐える植物もあります。常緑多年草のイチヤクソウ、イワウチワ、カンアオイ、フユイチゴ、ジャノヒゲ、シュンランなどは、冬の直射光を活用したうえで夏も細々と光合成を続け、葉にかけた多額(?)の設備投資を回収する作戦です。

林床植物は、種子の散布方法にも工夫をこらしています。

林床は風通しが悪いので、草原の植物に比べて風で種子を飛ばす植物は多くありません。そのなかであえて風で種子散布を図るウバユリは、背を高くし、木々が落葉する冬に種子を飛ばすことで不利を補っています。フユイチゴやジャノヒゲ、マムシグサなどは、鳥に色鮮やかな実を食べてもらって種子を散布します。でも林床は見通しも悪く実も目につきにくいので、こうした鳥散布種子を持つ草もそう多くはありません。

雑木林に咲いたカタクリ（埼玉県新座市）

林床植物に特徴的といえるのがアリ散布種子です。種子の端にエライオソームと呼ばれる脂肪酸の塊をつけてアリを誘引する種子で、カタクリ、ニリンソウ、フクジュソウ、イカリソウ、エンレイソウ、スミレ類、カンアオイといった温帯落葉樹林の林床植物に広く見られます。これらの実は熟すと裂けたり茎が倒れたりして種子を地面に落とします。葉陰に落ちた種子も働き者のアリなら目ざとく発見して、巣までの数十～数百センチを運んで散布してくれます。

（多田多恵子）

66 里山は薬草の宝庫

薬草というと特別な植物という感じを受けますが、実はたいへん身近な植物です。里山はそうした薬草の宝庫です。薬草は、使い方でいくつかに分けられます。ドクダミやセンブリなど日本で昔から使われてきた民間薬や、数種の生薬（動植物などの薬用とする部分を調整加工したもの）をある処方に従って配合した漢方薬などがあります。また、生薬は医薬品であることから成分などに厳しい基準があり、これらの基準をまとめたものが『日本薬局方』です。『日本薬局方』には現在一三〇種類の生薬が収載されています。そのうち私が調べたところ、里山にはクズやカラスビシャクなど三四種が自生し、クチナシやトウガラシなど一九種がふつうに栽培され、そのほかエビスグサやハトムギなど容易に栽培できる薬草が数多くあります。

薬草は調整加工後に名称が変わり、生薬名で呼ばれます。ドクダミの全草を乾燥したものはジュウヤク（十薬）と呼ばれ、便秘薬や利尿作用など優れた効用があります。苦味健胃薬として有名なセンブリはトウヤク（当薬）と呼ばれます。クズの根茎を乾燥したものはカッコン（葛根）と呼ばれ、かぜ薬として有名な葛根湯の構成生薬となります。畑の雑草であるカラスビシャクは、塊茎を白く調整加工したものがハンゲ（半夏）と呼ばれ、健胃消化薬や袪吐薬とみなされる処方に配合されます。クチナシの黄褐色の果実はサンシシ（山梔子）と呼ばれ、消炎排膿薬とみなされる処方に配合されます。トウガラシの果実はバンショウ（蕃椒）と

カラスビシャク

ハンゲ（半夏）

呼ばれ、辛味成分で有名なカプサイシンを合み、トウガラシチンキ（皮膚刺激薬）や辛味健胃薬として利用されます。エビスグサの種子はケツメイシ（決明子）と呼ばれ、ハブ茶として知られ、整腸薬として用いられます。ハトムギの種子はハトムギ茶として用いられるほか、種皮を除いた種子はヨクイニン（薏苡仁）と呼ばれ、解熱鎮痛消炎薬とみなされる処方に配合されます。

このように里山には数多くの薬草があります。この豊かさは、里山が人間が生活する場で、水田や畑そして雑木林などの多様な自然環境によるものと思われます。

現在、生薬のほとんどは輸入に頼っておりますが、野生植物を採集して生薬を生産しているものも珍しくありません。薬草栽培は農作物と異なり、少量多品種で経済ベースに乗せにくい作物ですが、里山はもう一度薬草栽培を考えてよい場所ではないでしょうか。

（福田達男）

67 早春の彩りも昔話——サクラソウ

色も形も桜の花に似たその花が古くから人々に親しまれてきた春の花サクラソウは、かつては北海道から九州まで、また低地から山地まで、火山灰土壌地域の落葉樹林の渓流沿いや湿地などのギャップ（植生のすき間）、あるいは草地、牧場、畑の縁など、春先には明るく夏になると樹木や草丈の大きい草の陰になるような場所にふつうに見られる植物でした。江戸時代には荒川の河川敷のオギ原にもサクラソウの産地がいくつもあり、春には人々がサクラソウの花見に河原に繰り出したことを、当時のアウトドア情報誌『江戸名所花暦』からうかがい知ることができます。そのサクラソウが、今では多くの野の花とともにレッドリスト（絶滅が危惧される種のリスト）に掲載されるまでに衰退し、ごく限られた場所でしか見ることのできない「めずらしい」花になってしまいました。

サクラソウはクローン（一つの種子から生じた芽生えから栄養成長した株、花の形態や色の違いで見分けることができる）の寿命の長い植物です。少数のクローンが完全に孤立し、種子がつくれなくなっても残されたクローンが成長して毎年花を咲かせます。その場所が今でもサクラソウの生育に適しているかどうかは、種子が十分にできているかどうか、芽生えがうまく定着するかどうかで判断しなくてはなりません。

サクラソウは、異型花柱性という一風変わった繁殖システムを持っています。その集団は、雌雄と似た異なる二つの性、すなわち雌しべや雄しべの長さが異なる花をつける二型から構成され、健全な種子生産には、それらの間での受粉が欠かせません。サクラソウの花筒とほぼ同じ長さの舌を持つトラマルハナバチの女王は、一分間当たり一〇〇花をはるかに超える授粉効率を誇る優秀な授粉者です。クローンが孤立していたり、花が咲いてもトラマルハナバチの女王が訪れない場所では、種子が十分に生産されず、新たなクローンが生まれることはありません。

北海道の日高地方の海岸近くには、今でもサクラソウの種子がたくさんつくられる場所が残されています。すでに一帯は牧場として開発されていますが、カシワ林が防風林として牧場の周りに残されていて、林床にサクラソウが見られます。カシワは春に葉を開くのが他の樹木に比べて遅いので、カシワ林は、春に開花し葉を広げて盛んに光合成をする林床の春植物にとっては、またとない生育場所です。けれども、ササが繁茂してしまえば林床は一年中暗く、サクラソウも衰退してしまいます。

数年に一度、夏に牛を入れる程度の林間放牧にカシワ林が利用されていると、ササの繁茂が抑えられ、春の花も夏の花も秋の花も豊かな林が維持されます。花暦がとぎれることがないそんな林は、花蜂の餌場としても好適です。けれどもあまり頻繁に牛が入れば、採食と踏みつけで林床は裸地化してしまいます。サクラソウの花粉を運ぶトラマルハナバチにとってのよい餌場を維持するには、利用圧はほどほどでなければなりません。

（鷲谷いづみ）

68

日本人の季節感——七草

日本人は昔から野草を歳時記のなかに欠かせないものとして受け止めてきたようです。これは、日本には春夏秋冬の四季があり、その移り変わりを野の花から強く感じていたことが大きな原因と思われます。

例えば、万葉集をひもとくと数多くの野草の名がうたい込まれており、この時代の人の野草に対する親しみをうかがい知ることができます。現在も多くの人々に親しまれている秋の七草は「秋の野に咲きたる花を指折りかき数ふれば七草の花。萩の花、尾花、葛花、撫子の花、女郎花また藤袴、朝貌の花」(山上憶良)と万葉集のなかによまれています。このなかの「尾花」はススキのことで、「朝貌」は当時日本に渡来していなかったアサガオではなく、キキョウを指すと考えられています。ススキは、今でも中秋の名月の月見を演出するのに欠かせないものとして広く親しまれています。

春の七草も根強い人気があります。秋の七草が鑑賞を目的としたのに対し、春の七草では食用とされる植物が選ばれています。一般には芹、薺(なずな)、御形、はこべら、仏の座、菘(すずな)、すずしろだとされているのですが、時代や地方によって異なるようです。ここでの御形はキク科のハハコグサ、仏の座はキク科のコオニタビラコを指しています。今でも、正月の七日の朝に一年の無病息災を祈って七草粥を食べる習わしがありますが、もともとは中国から伝来したものです。

このように暮らしになじんだ野草たちですが、日本に自生する種の多くが現在、絶滅の危機に瀕していることが最近の調査で明らかになってきました。日本で初めての本格的な調査結果として出版された一九八九年度版の植物レッドデータブックを見ると、多くの野草が危機的状況にあることがわかります。なかでも、秋の七草であるフジバカマを初めとしてサギソウやオキナグサなど、少し前までは全国どこでも見られ、自生地もたくさんあった植物がリストアップされ話題になりました。また、最新の環境庁によるレッドリスト（一九九七年）では、これらの植物に加え、キキョウやノウルシといった分布域の広い種で、現在でも多くの自生地が残っている植物ですらもリストアップされている点が注目されます。

このような比較的身近な植物の危機的状況は、開発行為や利用の放棄によって里山や草地が急速に減少してきていることが大きな原因です。このまま野草たちの生育地が減りつづけると、生活を彩り、生活感を醸し出した文化的要素の一つでもある秋の七草が「秋の五草」になる日は、そう遠くはないかもしれません。

（高橋佳孝）

今や絶滅に瀕しているキキョウ

盆花の代表格オミナエシ

69 河原に咲く花

河原には、裸地から森林までの多様な植生が見られます。そのなかで河原に特有なものは大きな石が堆積していて植物のまばらな丸石河原です。丸石河原は雨が降らなければ乾燥し、夏は石が焼けて高温になります。また、川が増水すると流れに洗われます。植物にとって生きやすくなさそうな環境ですが、丸石河原に特徴的に生育する植物があります。それらの植物は、その名に「カワラ」という言葉を冠した、カワラノギク、カワラニガナ、カワラハハコ、カワラサイコ、カワラヨモギなどです。

カワラノギクを光の量を変えて育てて調べた結果、成長には強い光が必要なことがわかっています。カワラノギクは春に種子発芽し、一ないし数年をロゼットで過ごした後、夏に茎を伸ばして秋に開花し、初冬に実を結ぶと枯死してしまうという一生を送ります。カワラノギクの種子の発芽特性を調べてみると、裸地を見つけて発芽する生理的特性である緑陰感受性（緑色の葉を透過した光で発芽が抑制される性質）と変温効果（上を植物が覆っていると温度変化が小さくなります。温度変化が大きいときに発芽することで植物のない場所を選んで発芽する性質）のどちらも認められませんでした。明るい環境が生育に必要であるにもかかわらず、明るい環境を見つけて発芽する性質を持っていない理由は、明るい丸石河原が広がっていて生育環境が保証されていたからではないかと考えています。

カワラノギク

カワラニガナ

こうした丸石河原は近年、急速に減少しています。したがって、元来分布域の狭い種であるカワラノギクが急激に減少しつつあり、その他の「カワラ」植物も減少しています。減少の原因は、生育地である丸石河原が少なくなったことによります。ニセアカシアなどの樹木が繁茂して河原が樹林化したり、河原が護岸で固められて増水の際の地形の変化がなくなったり、河原が河川敷公園に変えられたり、といったことが丸石河原の減少を招き、カワラノギクを初めとする「カワラ」植物を衰退させていると考えられます。

カワラバッタやコチドリなどの丸石河原を生息地とする動物も近年減少しています。河原の自然は増水による変化があって成り立っています。絶滅危惧種は生育地と一緒にまもらなければならないので、増水という変化のパターンを保全する必要があります。（倉本　宣）

70 草刈りに依存して生き残った土手の花

土手といいますと、子どものころ、長い板で土手を滑り降りる「草滑り」をして遊んだ記憶があります。私たちは板の裏面にロウを塗って滑りをよくし、草をなぎ倒しながらスピードとスリルを楽しんだものでした。草の丈の低い土手が最もよく滑るため、草が刈られるのを待っていたものでした。あまりによく滑ると板がお尻よりも先に行ってしまって、ズボンの後ろが緑色に染まったり、すり切れたりして怒られたことが懐かしく思われます。当時、このような植生破壊があっても、草はすぐに生えてきたものでした。

私が子どもであった昭和四〇年代ごろの土手といえば、チガヤを初め丈の低い草本が優占し、草滑りには格好の遊び場でした。ところが、今、草滑りができるような土手が減ってきています。多くの土手は、一《メートル》を上回る丈の高いススキ、クズ、牧草で覆われるようになってきています。特に、農耕が中止され放置された田畑に隣接する土手は、マント群落のようになってしまってクズ以外の花は見られないことすらあります。こうした土手景観の変化は、日本人の生活の変化と密接にかかわっていると考えられます。

人間の目線から見ると、草地である土手は明るく開放的な場所であるように思えます。しかし、丈が一《メートル》を超えるススキやクズなどで覆われてしまった土手の地際部は、非常に暗く、湿度も高い状態となります。発芽を始めた苗たちにとって、このような土手はまるで「ジャングル」のようです。この土手ジャングルの中で生き残ることができるのは大型になる種に限られます。しかも、春に急激に伸長し、ススキやクズよりも早く成長することが生き残るための重要な条件となります。しかし、このような種は多くはなく、大半の苗は土手ジャングルの中で光を受けることができずに枯れていくのを待つばかりなのです。

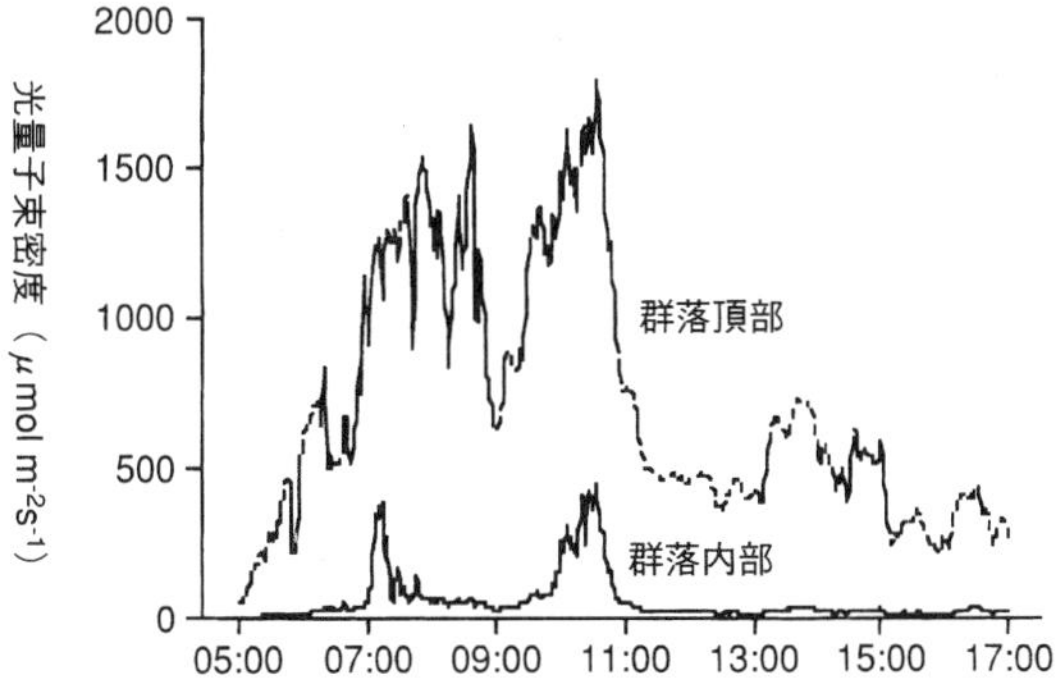

土手草地の群落頂部と内部の光条件の違い(1999年7月)

かつて草は日本人にとって重要な資源でしたから、頻繁に草刈りが実施されていました。このため、土手ジャングルには定期的にギャップがつくられ、ここでは丈の低い草花も生育できました。草の資源としての価値が消失した現在は、農業や生活の邪魔にならない程度の草刈りにとどめられるようになり、ジャングルの状態で放置される期間の長くなった土手が増えてしまいました。

そこで、このような土手で草刈りを繰り返し、ジャングルとならないように管理し続けたところ、多くの種の草花が開花しました。これらのなかには絶滅の心配されるものも含まれていました。つまり、これらを守るためには草刈りが必須であること、またこれらが草刈りによって「栽培されてきた」といっても過言でないほど、農作業、日本人の生活に依存してきた種であると考えられます。

（中島敦司）

71 もっと光をください――ツツジ類

春の里山を彩るミツバツツジ類やヤマツツジ、モチツツジなどの野生ツツジ類は、魅力的な季節の風物詩の一つです。日本の山野には四二種のツツジと多数の亜種が自生しますが、深山、山岳地に生育するものを除き、里山や平地林あるいは高原などでふつうに見られる種は、いずれも伐採や下刈り、放牧などの人為条件下で生存するものです。つまりこのような管理により、陽光が十分に当たるような環境が必要なのです。

森林を手入れするときには、ツツジだからといってお目こぼしをするわけではなく、一緒に刈られてしまいます。しかし、ツツジ類は萌芽力に優れているので切株から新芽が成長し、種子からの芽生えも盛んなので、すぐに再生することができます。また、放牧地では森林化を止めるために火入れを行いました。ツツジ類は比較的火入れに抵抗性があることと、葉に有毒物質を含んでいるので家畜に食べられないという得意わざで生き残ります。もちろん、ツツジも刈り取りや火入れがあまりに頻繁に行われたり、家畜数が多くて踏圧の影響が強すぎたりすると再生できずに消えてしまいます。そんなわけで、薪や炭を生産するために一〇～一五年おきに伐採更新されたり、たきつけを得るために桃太郎のお爺さんも柴刈りに出かけたりした里山は、ツツジの生存にとってまさに最適だったのです。

ところが、あれほど美しく、里山のあちこちで咲き乱れていたツツジ類がすっかり見られなくなりました。

以前のように燃料に薪や炭を使わなくなったことから誰も里山の手入れをしなくなり、樹木が密生して林内に陽光が差し込まなくなったためです。担い手不足や安い輸入肉の影響で、放牧や火入れがされなくなった各地の高原でも森林化が進み、美しい花を楽しませたミヤマキリシマ群落（雲仙・久住高原）やレンゲツツジ群落（志賀高原など）も、ひところに比べるとだいぶ淋しくなっています。

管理が放棄されて密生する里山の雑木林に分け入って見ると、ツツジ類の多くが光不足のために立ち枯れているのが観察されます。なかには枯れずに生きながらえている個体もありますが、春になってもほとんど着花が見られません。ツツジ類は七～八月ごろに成長点で花芽を分化しますが、陽光不足で葉面に一定以上の光が当たらないと花芽を分化できず、葉芽になってしまうからです。

光条件の改善によって再び花を咲かせたコバノミツバツツジ

そこで実験としてツツジ以外の密生低木類、特に常緑樹種を刈り取って遮光の影響を取り除き、次いで、高木層のコナラやクヌギも三〇～五〇％間伐して、林内に陽光が差し込むように環境を改善した結果、翌春には一面の開花が達成されました。里山ではツツジを初め多くの好陽性植物が手入れされるのを待っています。手遅れになって立ち枯れないうちに早く助けてやりたいものです。

（重松敏則）

72 庭園でしか見られない？――シデコブシ

シデコブシはモクレン科の落葉小高木で、岐阜・愛知・三重の三県にまたがる地域の丘陵地の固有種です(「森の木の一〇〇不思議」一六ページ参照)。シデコブシは湧水のある湿地に生育するとされていますが、それはどのような湿地なのでしょうか。植生と微地形との関係を丘陵地全体について把握し、シデコブシを主とする群落がどの微地形単位を立地にしているかを調査しました。

丘陵地の微地形を、頂部斜面（分水嶺を含む凸状部）、上部谷壁斜面（頂部斜面に続く急な斜面）、谷頭凹地(上部谷壁斜面に囲まれた凹型の斜面)、水路(谷頭凹地の下端に位置する湧水に始まる微地形)、麓部斜面(斜面からの崩落物質が堆積してできた微地形)、沖積錐（水の作用によって堆積してできた微地形）の六つに区分して、それぞれの微地形単位ごとに植生調査を行いました。岐阜県の東南部の丘陵地での調査では、頂部斜面にアカマツ群落、上部谷壁斜面から谷頭凹地にかけてコナラ群落、水路の底部にシデコブシ群落という植生パターンが認められました。水路は丘陵地の谷地形の最上部に見られる微地形で、下部で谷底につながります。谷底は河川による顕著な侵食が見られる微地形で、そのような場所にはシデコブシは出現せず、代わってヤナギ類を主とする特有の群落が成立しています。水路という微地形がいつも出現するとはかぎらず、谷頭まで谷底しか見られないことも多いのです。これまでシデコブシはただ単に湧水のある湿地に生育するとのみ知られていましたが、この調査で丘陵地の侵食の及んでいない小谷（水路）に立地するということが明らかとなったのです。ここにはシデコブシのほかサクラバハンノキ、ハナノキ、クロミノニシゴリ、ミヤマウメモドキ、ヘビノボラズなど、東海地方の湿地に特異的に出現する種が多く生育しています。東海地方には別のタイプの特殊な湿地があって、それは斜面に発達します。上部谷壁斜面の一部から恒常的に湧き出した水が、砂礫質の地表をシート状に流下することによって成立した湿地で、そこにはシラタマホシクサ、トウカイコモウセンゴケ、ミカヅキグサなどが生育しています。

シデコブシ

今、東海地方の丘陵地は、住宅団地、工業団地、ゴルフ場などの開発によって大きく変貌しつつあります。保護と称してシデコブシなどの絶滅危惧植物の移植が行われることもありますが、大切なことはこれらの植物が生育している地形そのものを残すことです。なぜなら特定の場所に生育している植物には、その地形や一緒に生育している植物と結びついた独自の生活史があるからです。そのうち、自然状態で生育しているシデコブシが非常に少なくなり、庭園でしか見られなくなるのではないかと心配しています。

（後藤稔治）

73 炭・薪の原料といえば――クヌギ・コナラ

コナラとクヌギは里山を構成する主要な樹種であり、ウバメガシやアカマツなどとともに木炭の原木として使用されてきました。また、細い枝や落枝は家庭用の燃料として、落葉は堆肥として使われてきました。木炭は重要なエネルギー源として日本の有史以来、製銅、製鉄、暖房などに使われてきており、木炭の生産量は一九四〇年には最高で三〇〇万トンに達しましたが、その後の燃料革命によって減少し、現在ではわずか二万トン台となっています。現在の里山は、かつての薪炭林や農用林としての意義が急速に薄れてきました。一方、ほだ木によるシイタケ栽培は一九六〇年ごろから本格化し、高度経済成長とともに生産を拡大してきており、かつての薪炭林のコナラやクヌギはシイタケ栽培のほだ木として利用されています。

コナラとクヌギはブナ科のコナラ属に属しています。これらの仲間は世界では約三〇〇種ほどあり、主に北半球の暖～温帯を中心に分布しています。コナラ属は日本では常緑性が九種、落葉性がコナラ、クヌギを含めて六種が分布しています。コナラは九州から北海道までの暖温帯から冷温帯下部、クヌギは九州から岩手県、秋田県以南の暖温帯に広く分布しています。しかしクヌギは薪炭用に日本の各地に広く植林されてきたため、天然分布域は明らかではありません。

コナラとクヌギは春に葉が開くと同時に雄花と雌花が開花し、花粉は風によって運ばれます。コナラは、雌花が受粉して受精するとその年の秋にドングリが成熟します。一方、受粉したクヌギの雌花は翌年の春に受精してその年の秋にドングリが成熟します。秋に落下したこれらのドングリはその年のうちに根を出して冬を越します。しかし同じドングリでも常緑のシラカシやアラカシなどは春になってから発根します。

コナラもクヌギも明るいところでないと成長できない陽樹です。したがって、林冠が閉じていたり林床に低木や草本が繁茂している暗い林床では、せっかく発芽できた芽生えも数年で枯れてしまいます。しかし明るいところでの成長はよく、また早くから繁殖を開始し、二年生の苗が花を着けたという報告があります。コナラもクヌギも樹齢が若いうちは伐採されても切株から新たに芽が出る萌芽力が強く更新が容易であり、その後の成長も優れています。しかしながら、樹齢と株のサイズが大きくなるにつれてこれらの萌芽力は低下していきます。

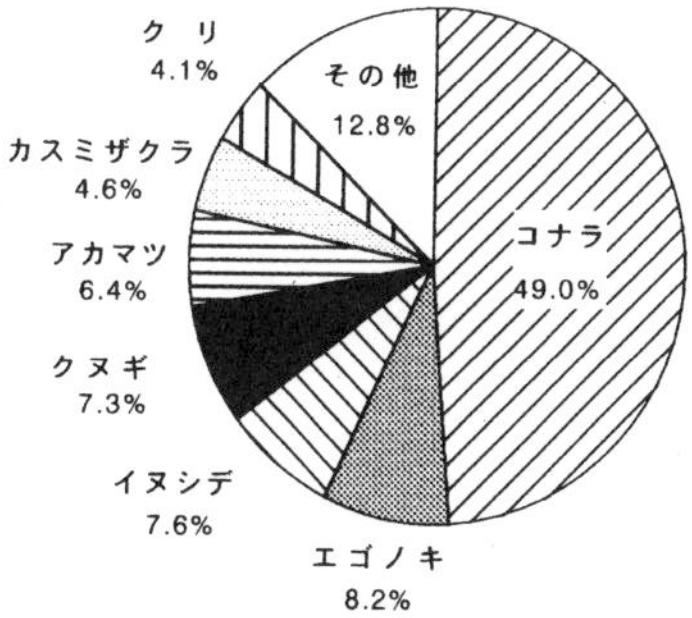

薪炭林施業に適した樹種

薪炭林は一〇～二〇年の周期で伐採を繰り返すため更新が確実で初期成長の大きな樹種が適しています。したがってコナラやクヌギは薪炭林施業に適した樹木であるといえます。また両者は厚いコルク質の樹皮を持ち、山火事への耐性を高めています。これらの性質はコナラやクヌギが伐採や山火事などの攪乱を契機に更新する二次林性の樹種であることを示しています。

（飯田滋生）

74

昔日の面影を伝えるミズナラの二次林

十八世紀中ごろ、木曽地方の林業用語の解説書として書かれた『木曽山雑話』には「村里家居近き山をさして里山と申し候」とあるそうで、「里山」という言葉はこのころにはすでに慣用的に使われていたことがうかがえます。このような、いわゆる里山の代表的樹種として、クマシデなどのシデ類とともに、コナラやクヌギなどのナラ類があります。一方、同じナラ類に属するミズナラは、九州から本州では、里から少し離れた比較的標高の高い山地で二次的に純林をつくります。

ナラ類はカンバ類と同様に、火山活動や山火事などによっていったん森林が失われて開けた明るい場所に生育する特徴があります。しかし、しだいに樹木が増えて森林が形成されると、ナラ林はいずれはブナ林に、暖地では常緑のシイやカシの林に変わる場合が多く、ナラ林が維持されるにはこれに逆らうような条件が必要です。

ご存じのとおり、里山でコナラやクヌギなどの林が維持されたのは、薪炭や肥料などの供給源として適度に人手が加えられ続けたためです。では、里山からさらに奥まった山地でミズナラ林が成立したり、維持されたりしたのは、やはり何か人間の影響があったのでしょうか？

国土地理院で入手できる最も古い五万分の一の地図は、明治三〇年代のものが多いようですが、その当時の土地利用区分を見てみると、現代の私たちから見れば意外と思うような山地でも、頂上まで「草地」の標記がついていて驚かされます。北上、阿武隈、陣馬、恵那、中国、阿蘇などの各山地や高原などで、現在、ミズナラ林の見られる地域について古い五万分の一の地図を集めて調べてみたところ、その多くが、やはり当時は草地であったことが確認できました。

人々が森を伐り開いて焼畑やかや場とし、また牛馬の牧野として利用することは、奈良時代にさかのぼるほど昔から行われていたそうです。さらに、里の生活から離れた杣人による「炭焼き」は、近世以降、戦後の燃料革命まで、重要なエネルギー産業であったことも忘れることはできません。人の営みの影響は、このような山地にまで及んでいたのです。

二十世紀の初頭、山々に広がっていた草地の多くは、今では針葉樹の植林地となっています。ただ、一部は高原の牧場として残り、その周辺に広がるミズナラ林に人が山と深くかかわっていた昔日の面影を見ることができるのです。

（金指あや子）

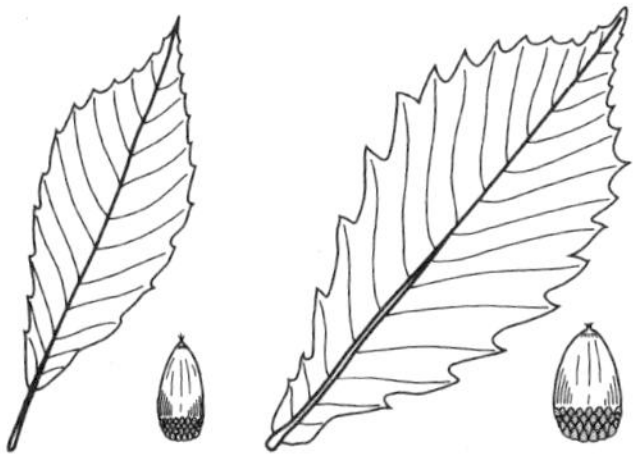

コナラ（左）とミズナラ（右）の葉と堅果
ミズナラは，コナラとは遺伝的にごく近縁であるが，形態的にはコナラと比べて葉柄が非常に短く，ドングリの殻斗の総苞片の背部が盛り上がっていることで見分けることができる。

牧場用地のミズナラ林の遠景

75 名は体を表す――名前からわかるシデ類の特徴

シデ類（カバノキ科クマシデ属）は、温帯の落葉広葉樹林を構成する主要な樹木です。雑木林でもよく見かけられ、薪炭材や家具や器具などに利用されてきたほか、クヌギやコナラほどではありませんが、シイタケのほだ木としても使われていました。また、アカシデやイヌシデは、葉が小ぶりで灰白色のなめらかな樹皮が美しいので盆栽としても親しまれてきました。

シデ類は四月下旬から五月上旬にかけて開花します。雄花序の形が神前に捧げる玉串につける「四手」に似ていることから、または雄花序が「しだれる」ように枝につく様子から、シデと名前がついたそうです。ソロ、ソネという方言もあります。材質が硬いため、hornbeam（角の梁、イギリス古語では角のような立木という意味）という英語名で呼ばれています。

日本には五種のクマシデ属が自生しており、その名前からそれぞれの樹木の特徴を知ることができます。

アカシデ　高木で落葉広葉樹林の林冠層を構成します。雄花序や新葉、小枝が紅色を帯びており、秋になると赤く紅葉します。

イヌシデ　高木で一見アカシデと似ています。葉はアカシデと比べて丸っぽく、芽や新葉には白い毛が多く生えているのでシロシデとも呼ばれます。やや黄色気味の雄花序の様子が犬に似ていることからイヌシデの名前がついたと考えられています。しかし、植物名のなかの「イヌ」には偽物とか、本物のように役には立たないという意味（例えば、イヌブナ、イヌザンショウ）であることが多いようです。

クマシデ　林冠層の下部を構成することが多い亜高木です。稚樹や若木はなめらかな樹皮をしていますが、成長すると黒っぽくてごつごつと荒々しい樹皮になり、熊を連想させます。五種のなかでは最も硬い材質のため、イシシデとかカタシデとも呼ばれます。

サワシバ　亜高木で、沢筋の水分に恵まれた肥沃な場所に多く見られることから、この名前がつきました。それに対して、アカシデ、イヌシデ、クマシデは主に斜面部や尾根に生育します。サワシバの葉の基部はハート形のくぼみの部分に似ていることが特徴的で、サワシバの学名の種小名（*cordata*）はこのことを意味します。

イワシデ　大型の低木で、山陰や中国、四国地方の石灰岩地域に分布します。イワシデは雑木林というよりも山間部の岩や崖に沿って生えるため、この名前がつきました。他のシデ類と比べてあまり活用されてこなかったようです。葉や果穂が小さく、イヌシデに似ているためか、コバノイヌシデとかコイヌシデ、コシデと呼ばれることもあります。

このように、樹木や草にはそれぞれの生育場所や形状に関連した名前がついていることが多く、植物を見分けるときのカギにもなります。

（柴田銑江）

76
こんな木植えたかな？——鳥散布樹種

庭に鳥の餌台や水場をつくると、その周りに植えた覚えのない木の芽生えが出てくることがあります。これらの多くは、ヒヨドリ、ムクドリ、ツグミなどの果実を好む鳥たちが果実を丸のみにして、糞とともに排出した種子や口から吐き戻した種子に由来するものと考えられます。この場合、種子が体内にとどまる時間は通常数十分から一時間以内と短いため、果実を食べた場所からの距離は多くの場合数十から数百メートル以内になります。何キロも運ばれることは、あまり多くないようです。

鳥によって樹木の種子が運ばれる方法はほかにもあります。ドングリなどの堅果類を好むカケスなどが、秋になると餌の少ない冬に備えてせっせと種子を貯えます。これらの種子のほとんどは実際に冬の間に食べられてしまうのですが、食べ忘れられた一部は発芽することができるというものです。この場合でも種子の散布距離は数百メートル以内の場合のほうが多いのですが、何十キロも運ばれた例も報告されています。ほかには、鳥の羽毛などに種子がくっついて遠くに運ばれるというものもあり、大型の水鳥についた小さな草の種子の場合には、数百キロ単位の散布距離も報告されています。ただし、日本に多く生育している樹木にはこの型の種子をつけるものはないようです。翼を持った鳥ですから、種子の散布距離は長そうな気がしますが、庭に生えてきたものは、ご近所の庭や裏山の木から運ばれてきたものが大半であると考えてよさそうです。
こういった種子の散布は、鳥だけでなく、哺乳類などの動物たちによっても行われます。しかし、庭にそのような動物たちがやってくるというのは、現在ではかなり贅沢な環境となっているため、やはり種子の運搬者は鳥がメインになります。

ナナカマドの果実を食べにきたキレンジャク

近年、里山も庭と同じような状況になってきているようです。つまり、開発によって分断化、縮小化された結果、哺乳類が一つの林から隣の林に移動するのは困難になっていると考えられます。鳥は翼がありますから、ある程度の距離ならば飛んでいけるので、里山の樹木も種子の散布は鳥に頼っている部分が大きいと考えられます。松林などの中にハリギリやキハダなどがぽつぽつと生えてくるのは、鳥散布によるものです。ただ、先に述べたように鳥による種子の散布距離は意外に短いものです。あまりに分断化されると鳥によって別の場所から種子が運ばれてくることもなくなってしまうかもしれません。鳥や動物の通り道も大事にしなくてはいけませんね。

（八木橋　勉）

77 じわりじわりと勢力拡大――竹林

西日本の里山地域では丘陵の斜面によくタケが見られます。これらのタケは主に、春先にタケノコを食用にするモウソウチクです。モウソウチクは、一七〇〇年代に中国から渡ってきた帰化植物なのですが、今では日本のタケのなかで最も広く分布し、その竹やぶはすっかり「日本的な情緒のある風景」という地位を得ています。キク科やマメ科の草本など数多くの帰化植物が日本の環境に適応していますが、モウソウチクのような大型の帰化植物が自然に分布を広げている例はあまりありません。

里山地域の一般的な土地利用パターンとして、低地は水田、段丘面は畑、丘陵地は雑木林または人工林という風景がよく見られます。そして、畑と森林の境界あたりに小規模に（ときに大規模に）モウソウチクが植えられていることが珍しくありません。これは、必ずしもタケノコ生産を精力的に行っているわけではなくとも、農家では竹材をいろいろな用途に使えるので重宝していたものと思われます。

ところが一九六〇年代以降の燃料革命に伴って里山での生活様式も変化し、これまで利用されていたタケも雑木林も放置されるようになりました。安価な輸入タケノコに押されて国内のタケノコ生産が落ち込んできたのも一九七〇年ごろからです。放置されたモウソウチクが容易に雑木林や人工林に侵入し、丘陵地を覆う姿が各地で見られるようになりました（写真）。

スギ人工林に侵入したモウソウチク（福井県）

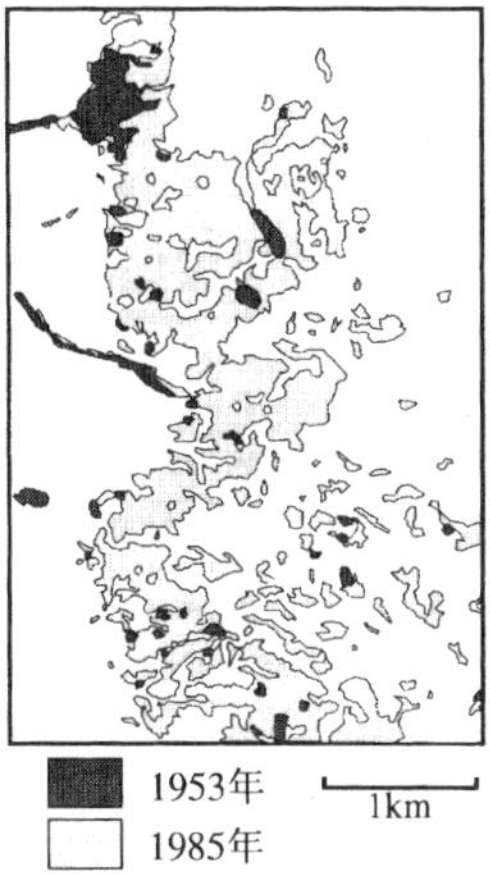

京都府山城町周辺での竹林増加の様子

タケは地下茎を伸ばし、タケノコを発生させて一年で一〇メートル以上の高さに成長するので、隣接する樹木にとっては脅威です。樹木が何十年もかかって成長する高さに一年で達し、あるいは追い越してしまいます。タケが樹木の上に枝葉を広げると樹木には日光が当たらなくなり、光線不足でやがて枯死します。モウソウチクはそれを毎年繰り返し、じわりじわりと分布を広げているのです。西日本各地の里山地域では、ここ数十年の間に、自然に分布を拡大した竹林が大幅に増えました（図）。

竹林が増えることが良いか悪いか、一概には決められませんが、里山の生物多様性が小さくなるのは確かです。竹林内はほとんど他の植物が生育せず、雑木林の豊富な植物種が失われ、昆虫・動物までもすみかを奪われることになるので、里山の希少種の保護といった立場からは要注意です。

（鳥居厚志）

78

静かなせめぎ合い——帰化植物

旧来の里山は、田畑とそれに続く谷戸や山林・河畔林があり、定期的な採草と薪炭材の伐採が行われてきました。このような人力による撹乱は、里山の動植物の維持管理に大きく貢献してきました。秋の七草でおなじみのフジバカマ、キキョウ、オミナエシなども人手の加わった二次的自然環境に生える代表的な里山の植物といってよいでしょう。

ところが最近の機械による土地造成と里山での山林の管理放棄は里山の植生を大きく変えました。大規模な土地造成による土砂の搬入は多数の帰化植物の導入を招き、草刈りをしなくなった管理放棄地では成長のよい帰化植物が高密度で繁茂して在来植物を駆逐しています。水田や畑、道ばた、林縁にまで帰化植物が見られ、セイタカアワダチソウ、セイヨウタンポポ、ヒメジョオン、ブタクサ、オオイヌノフグリ、アレチウリ、シロザ、オオカナダモ、カモガヤ、オニウシノケグサなど数え上げるのにきりがありません。日本の植物でもスイカズラ、イタドリ、クズ、ヘクソカズラなど海外で帰化して問題になっているものがあります。

低地の川沿いでは、コンクリートを使った護岸が乾燥化や洪水による撹乱の極端な減少を招きました。その結果、湿潤で適当に氾濫の起こる環境にこれまで適応してきた在来種が生活しにくくなる一方、そのような環境に好適の帰化植物が侵入して繁茂しています。繁茂している帰化植物の特徴として、成長速度が速く短時日で繁殖が始まる、種子を埋土種子として長期に保存させたり遠くへ飛ばしたりする散布能力が高く、攪乱環境にすばやく適応できる、旺盛な成長で周辺の植物を覆い隠す強い競争力がある、ということが挙げられます。そのため帰化植物には、種子をつけるのが早い一年生草本や茎の成長の速いつる植物が多く見られるのです。一方、暗い林内や自然草地には帰化植物が少ないことが知られています。

帰化植物が在来種に与える影響として、在来種の生育場所を奪う、在来種を被陰してしまう、花粉を媒介する昆虫を奪ってしまう、病虫害を持ち込む、土壌の栄養や水分の状態を変えてしまう、などの生態的な事柄をまず思い浮かべます。加えて、近縁の在来種と交配して在来種の純系子孫を減らしてしまう、雑種が交配能力を持っていると在来種を遺伝的に汚染する、といった遺伝的な影響も心配されます。目に見えないだけに、こちらのほうが深刻かもしれません。実際、攪乱とともにセイヨウタンポポがニホンタンポポの生育地を奪っているだけでなく、両者の間には雑種が生じていることが確かめられています。

帰化植物はいったん侵入するとその除去がたいへん難しく、現在、里山の植生復元の大きな問題となっています。

（河原孝行）

在来のフジバカマ（手前）と帰化植物のセイタカアワダチソウ（奥の高茎草本）

79

ドングリの親探し——遺伝子で解析

里山と呼ばれている地域を空から眺めると、自然に対する人のさまざまなかかわり方を反映して、森林、畑、水田、住居、川、池などがモザイク状に分布しています。特に森林は人が影響を及ぼすことによって、もともとの状態よりも面積が小さく、分断化して存在しています。

このように空間的に離ればなれになってしまった樹木たちは、見た目には分断化していますが、実質的にも離ればなれなのでしょうか？ つまり、互いに不連続な森林に生育している樹木間で花粉の交換は行われているのでしょうか？ また、種子は分断化を問題とせず、隣の森林やもっと離れた森林まで運ばれるものなのでしょうか？ それとも、森林の中で見いだされる稚樹の親はやはり同じ森林の中にいるのでしょうか。このような問いかけに答えることは、その性質上、分断化して存在せざるを得ない里山の樹木の保全を考えるうえで極めて重要であるといえます。

最近になって、稚樹の両親を特定できるほどの解像度の高い遺伝マーカーが野生樹木でも利用できるようになりました。遺伝マーカーを用いて、京都市内の孤立したシラカシ林で林床に生育している稚樹の親がどこにいるかを調べてみました。調査対象林では、繁殖サイズに達した親個体が約〇・三㌶の孤立した林に約一〇〇本生育していました。マイクロサテライトマーカーという遺伝マーカーを用いて、林の中心部で生育していた稚樹の両親はどの樹木か分析しました。その結果、驚くべきことに、稚樹の約半数は片親が、そして約八%は両親とも調査した林の中にはなかったのです。片親がなかった稚樹は、花粉が林の外から飛んできて林の中で受粉し、その種子が林床に落下して発芽したものでしょう。また、両親ともなかった稚樹は、林の外で結実した種子が何者かによって運ばれ、発芽したものでしょう。調査を行った林は、見た目には、竹林、畑、宅地に囲まれて孤立しているのですが、そこに生育しているシラカシ群落は遺伝子のレベルでは決して孤立していなくて、外部の未知の個体と活発に遺伝子の交換を行っていることがわかったのです。

実はドングリの木については、ここ数年の間に同様の方法による分析が、アメリカとヨーロッパでもなされ、私たちが京都で調べたシラカシ林と同様、外部から予想外に多くの花粉が流れ込み、林床の稚樹へと外部の遺伝子が受け継がれていることがわかってきました。それでは里山では、断片化で予想される近親交配などの影響は心配しなくてよいのでしょうか？　まだまだ、そのような結論を出すには例が少なすぎます。どの程度まで断片化が進めば弊害が出るのか、樹種によって影響を受けやすいものはあるのか、といった疑問については未解決のままなのです。

人と自然の接点である里山で、多様性を維持しつつ、両者がよい関係を保つにはどのようなランドスケープの配置や管理が望ましいのか、遺伝子レベルで詳細に解析できる術を私たちは手に入れました。今後、そのような観点からの研究をさまざまな生活史を持つ樹木を対象に進めなければなりません。

（井鷺裕司）

80

里山でキノコに出会ったら

　里山の楽しさがいろいろな生き物に会えることだとしたら、そこで出会う重要なメンバーにきっとキノコが入るのではないでしょうか？　けれども「キノコはどう観察したらいいかわからないし毒キノコも怖い」という人も多いでしょう。初めての人向きに、ここでは、キノコの楽しみ方に集中したいと思います。

　まず強調しておきたいのが、キノコほど安全な観察対象はないということです。植物や虫と違い、かぶれも刺されもしません。毒キノコは食べないかぎり無害です。舌の上にのせて味をみたぐらいではどうということはありません。キノコの胞子で病気になることも、神経質に考える必要はないでしょう。ですから、山でキノコを見つけたらどうぞ手にとってよく観察してください。しっかり観察する、これが楽しみへの第一歩です。キノコは上から見ていたのではなかなか違いがわかりません。キノコの種類を知りたければまず傘の裏のひだの色、そして柄（あしの部分）の様子を見ることです。マツタケのひだは白色ですが、マッシュルームはすぐに黒紫に色づきます。ピンクがかったイッポンシメジの仲間、赤さび色のフウセンタケの仲間やくすんだこげ茶のオキナタケの仲間などさまざまです。ひだの代わりにスポンジのような穴を持つイグチの仲間というように、ひだだけ見ても大きな仲間分けの手がかりは得られます。目の細かさもさまざまです。種類を知りたいときには柄の模様や色合い、太さなどもしっかり見ておきましょう。目のつけどころがわかれば図鑑を見るのも楽しいものです。

キノコを観察する場合、傷つけないのは難しいものです。思いきって、割ったり、かじったりしてみるのもいいかもしれません。チチタケなど乳液を出すもの、傷つくとさっと青くなったり赤くなったりするもの（イグチには特に多い）もたくさんあります。やってみないと気づかないことも多いでしょう。味も楽しい経験です。ニガクリタケの苦味などは中毒しないためにも見分け方としてぜひ経験しておくべきだと思います。こうした記録は後で写真や標本を持って専門家に相談するときには有力な手がかりになります。

虫嫌いの人には気味悪いかもしれませんが、古いキノコも楽しい観察対象です。ひだに取りついたトビムシやハネカクシの仲間にはちょっとびっくりするかもしれません。キノコバエの幼虫など、キノコを食べて成長するものもたくさんいます。ほかに甲虫やヤマナメクジなどもキノコが大好きです。どのかじり跡が誰のものか、想像してみるのも一興です。

野生のキノコを食べたい、という人はこうした観察・見分け方になれ、少なくとも「致命的な」毒キノコについては十分に理解したうえで、健康な大人のみで挑戦してほしいと思います。おなかをこわす可能性を承知のうえで、自分の判断で、自分の責任で食べるとなれば、キノコの勉強への意欲も、そしてキノコをはぐくむ里山林への愛着も、さらに味わい方にも、ひときわ磨きがかかることでしょう。ただし、くれぐれもご注意ください。

（佐久間大輔）

V 里山の活用

81 里山の恵み

里山が見直されてきています。クヌギ・コナラやアカマツ林に代表される里山は、日々の暮らしに必要な薪炭材を得たり防風林などとして生活環境を保全するため、人々の暮らしのなかで造成・維持されてきた半自然林なのです。しかし、燃料革命や農業への化学肥料の普及とともに、里人とのつながりが薄れ、宅地や工場、ゴルフ場などに転用され、また、残された雑木林などの里山もゴミの投棄場にされるなど管理の疎放化が進んでいます。高度成長期から今日に至るまで、里山は人々から忘れられた存在であったともいえるでしょう。

しかし、最近では、温暖化や希少な野生動植物の減少など地球環境問題の深刻化に対する人々の認識の深まりとともに、かつて身近にあった里山の持つ恵みの大きさにも気づき、その保全の必要性が再認識され、各地で里山保全のための活動が展開されるようになってきました。都市近郊に残された雑木林は都市住民の憩いの場として、農山村にあっては村起こしのための伝統的な民芸、木工品や山菜、キノコ類の生産のほか都市住民との交流の場としての利用が行われています。また、希少な野生動植物の生息環境としての保全も行なわれています。このように、里山をめぐる社会経済情勢の変化とともに里山に対する人々の期待は多種多様化してきているといえます。

ところで、里山を保全する必要性、すなわちその本質はどこにあるのでしょうか。私見にすぎませんが、里山は二十一世紀における私たちの生き方を探る百科事典のようなものではないでしょうか。

地球上には六〇億の人口がひしめき、すでにフロンティアはなくなりました。二十一世紀は、好むと好まざるとにかかわらず、バイオマス資源の循環利用による自然との共生を余儀なくされる時代でもあります。

かつての里山は、三富新田に見るように、森林の摂理と農山村民の生活上の必要性との折り合いのもとで造成・維持されてきた、いわゆる「森林と人との共生」の生態系でもあるのです。そこでは「コモンズの悲劇」を避けるための入会林などの社会制度などが生まれました。また、里山は畑や水田などと有機的・一体的に管理され、かつて明治時代初期に日本を訪れたイサベラ・バードがアジアのアルカディアと称えたように、美しい田園風景を醸し出しそれぞれの里山の環境と共進化した野生動植物との共生が図られてきたのです。

第五次の全国総合開発計画（目標年次二〇一〇～一五年）では、緑と都市が一体となった日本列島「庭園の島」構想が打ち出されています。また、平成八年十一月に改定された森林資源基本計画では、「森林と人との共生」の森として里山の整備が進められることとされています。このような人と里山との新たな共生関係を構築していくには、残された里山に秘められた科学的知見や文化的遺産を学び取り、活用していくことが必要なのです。

里山、それは私たちの先代が残してくれた貴重な歴史・文化遺産ともいえるものなのです。（坂口精吾）

82 里山は宝の山

昭和三〇年代初頭までの里山薪炭林（六〇〇万～七〇〇万ヘクタール）では毎年二〇〇〇万～三〇〇〇万立方メートルの木材が伐採され、二〇〇万トンの木炭が生産されていました。当時の民生用エネルギーの実に四〇％を賄っていました。ところがわずか一〇年後には木炭生産量は二〇万トンを切ってしまいました。この時期は、木炭生産量に象徴されるように、里山そのものの価値が極度に失われた時期でもありました。

木炭を単なる燃料としてしか見なければ、確かに木炭にはそれ以上の価値はないでしょう。しかし木炭が持つ多孔質という特性に注目すると、環境ホルモンなど化学物質の吸着や水質浄化に利用が見込まれますし、さらに最近の研究によって、カーボン繊維やウッドセラミックスの製造法が開発され、その利用範囲は夢のように広がりつつあります。このような新しい研究開発によって、里山の動植物からは次々に驚くような資源の利用法が見いだされつつあります。ここではそうした可能性のごく一部を紹介します。

最近は木材自体の需要が伸び悩み、抜き切りされた間伐木が利用されずに林内に放置されることも多いのですが、こうした木材そのものを化学処理することによって生分解性のプラスチックや薄膜フィルム、さらにウレタンフォームや耐水性の接着剤など新たな産業用の新素材が開発され、木材の新たな需要が期待されています。次にミツバチ。働きバチが蜜を集めるときには、花から花へと花粉を媒介して受粉させると同時に、体毛に付いた花粉を後脚に団子状にして巣に持ち帰ります。そして集められた花粉はそのまま健康食品として、あるいは花粉に含まれる生理活性物質やアレルギー物質の研究材料として利用されています。また集めた蜜は蜂蜜としてそのまま食用にされるだけではなく、むしろその化学成分を生かした食品製造用や化粧品、薬品などに使われることのほうが多いのです。

昆虫からの副産物はほかにもたくさんあります。ハチの巣はハチの腹部から分泌されるワックスでできていますが、同様のワックスはイボタロウムシなどからも採取され、これら昆虫由来のワックスはコールドクリームや口紅などの化粧品、クレヨンや高分子樹脂の平滑剤など多方面で利用されています。さらに刺されると死亡することもある蜂毒はアレルギー体質者の発見に不可欠ですし、この毒を逆手にとって、神経系疾患の治療の一環としてミツバチに刺させる蜂針療法にも使われています。そのほかにもカイコから得られるタンパク質（シルクプロテイン）を配合した化粧品、絹を利用したシルクレザーなどなど。

私たちに身近な里山の山野草のなかにも、医薬品や工業原料になりそうな未開拓の機能性成分が眠っています。また、こうした有用な物質を効率的に生産する手法として、外来遺伝子をカイコの体内で発現させて有用物質を取り出す技術も開発されており、カイコが生産したネコのインターフェロンを利用したカリシウイルス感染症の治療薬が市販されています。何気ない里山の風景からは想像もできないような新たな技術や製品が次々に生み出されようとしているのです。

（千葉幸弘）

83 里山で遊ぼう

君たち、たまにはテレビゲームをやめて、みんなで自然のなかに出かけませんか。お父さんたちも週末にゴロ寝ばかりしないで、子どもを連れて里山に繰り出してみてはいかがでしょうか。身近な自然である里山にはさまざまな草花や昆虫、小動物がすんでいます。道ばたや畔道に生えるかわいい花々、カブトムシ、クワガタ捕り、小川の小魚釣りのほか、夏の夜にはホタルの乱舞が楽しめるかもしれません。里山は自然とふれあい、自然を楽しむのにうってつけの場所なのです。お母さんがつくってくれたおいしいお弁当を持って行けば、きっと楽しく家族の時間が過ごせることでしょう。

最近では里山のよさがますます見直されてきており、里山の自然を有効に活用した公園や自然観察の森も各地で整備されています。また「となりのトトロ」に出てくるような美しい里山の風景を取り戻そうとする動きも全国的に見られるようになりました。ビオトープと呼ばれる、多様な生物が生息する空間をつくっていこうとする試みも注目を集めています。ここでは自然観察や遊び空間としての活用も進められています。

里山のことを詳しく知りたければ、森林公園などにある森林展示施設や動植物の標本や自然についてのあれこれを展示している博物館などに行ってみるのがいいでしょう。最近では、自然のほかに自然と私たちの生活との関係についてもより深く知ることができるよう配慮された施設や展示もできています。係の人に質問をすれば、里山についてさらに詳しく知ることもできるでしょう。市町村や自然愛好会が主催する自然観察会や木工クラフト、炭焼き、間伐体験などの企画に参加するのもいい方法です。プログラムもいろいろ工夫されていますので家族連れでも楽しめます。また、自然を素材として、遊びながら学べるネーチャーゲームと呼ばれるプログラムの開発も進められています。これはゲーム感覚で自然を楽しめるように工夫されており、五感をフルに活用して自然の不思議さやおもしろさを肌で体験することができます。

さらに一歩進んだ里山の楽しみ方としては、各地で活躍する里山の再生活動に参加してみるのもいいかもしれません。木々に巻きついたツタをきれいに切り払ったり、ヒョロヒョロとした木を切ったりして明るくきれいな林にしようとする活動が密かなブームです。自分で伐った木が倒れるときの爽快感はなんともいえないものがあります。

これらの遊びの施設や催し物のほかに里山に関する情報は、市町村、都道府県の森林関係の係、国有林の事務所などで入手できます。さっそく里山に出かけてみよう!

（八巻一成）

里山を利用した遊びの空間

84

里山教育のすすめ——教室では学べない

青森県の三内丸山遺跡からクリの巨大木柱を使った建物を初めとする木造建築物の跡やオニグルミ、クリなどの木の実、ウサギ、シカなどの動物の骨が多数出土しました。里山は縄文時代から人々の生活の基層として、生きることのすべてにかかわってきたのです。そして、里山の恵みに支えられた伝統的な生活文化はごく最近まで各地で受け継がれてきました。ところが現代社会では里山などの森林に接することは非日常的な出来事になり、一方でさまざまな環境問題が深刻化、広域化しています。このようななか、里山と結びついた伝統的生活文化は、自然との共生、共存を志向する循環型の文化であることから、今後の私たちと自然との関係のあるべき姿を示すものとして注目されています。

環境教育においては「関心」「知識」「態度」「技能」「評価能力」「参加」が目標とされますが、これらの目標を達成するためには「親しみを持ち気づく」→「知る」→「行動する」といった段階が必要です。里山に視点を戻すと、本書の各項目にあるように里山には気づきから行動までさまざまな体験の素材があふれています。里山に入り、気づき、知り、行動する。里山を学ぶのではなく里山に学ぶ。ここではそれを「里山教育」と呼び、おすすめしたいと思います。

里山と学校は古くからかかわりを持っていたと思われますが、両者の関係が公的に現れたのは国民参加の森づくりの一環としての学校林設置の訓令（明治二八年）です。学校林はその後、財産目的等各時代の要請に応えるかたちで設定、利用されてきました。国土緑化推進機構の調査によると、学校林の面積は年々減少しているものの、なお全国の小中高校の約九％に相当する三八三八校が学校林を持っているとされています。現状では学校林の過半が活用されていないようですが、二〇〇二年に創設される総合的な学習の時間に「里山教育」が大きな位置を占めることは間違いありません。総合的な学習の時間のねらいが「自ら課題を見つけ、自ら学び、自ら考え、主体的に判断し、よりよく問題を解決する資質や能力を育てること」にあり、それらが「里山教育」によってよく満たされると考えられるからです。

森林教室

ある中学校で、森林学習を軸とした活動を始めたところ、学校林があることがわかり、調査、間伐、伐採した木を使ったベンチづくりなど、学校林を核としたさまざまな学習活動の構想が広がっています。現在、学校林を持たない学校、あるいは生涯学習活動として「里山教育」に取り組みたいと考える方は、公設の森林公園などを学校林と位置づけ活用することも一案でしょう。また、地域の里山所有者の理解を得て学校林として活用することができれば、伝統的な生活文化に触れる機会も得られ「里山教育」の効果が倍加するでしょう。

（大石康彦）

85 緑の中の健康づくり

知的障害者のために身近な里山の環境・空間を利用した療育活動を実践している知的障害者施設が国内にはいくつかあり、それらの施設では、シイタケの原木生産や間伐木の搬出作業、季節を通しての森林散策などが療育活動として行われています。

森林活動に取り組むことによって各施設の入所者には、パニックなどの行動障害や異常行動の減少、コミュニケーション能力や基本的生活能力の向上、感情の安定化などの変化がこれまで認められています。これらの変化の理由には、身体の平衡感覚や認知機能をリハビリテーションする療育効果が森林活動には含まれ、森林内のさまざまな風致効果も入所者の五官、特に感情の安定化に長期的に作用することが考えられます。また、これらの森林活動による健康づくりの効果は、療育を行う指導職員にも同様に作用しています。森林の緑には障害者、健常者を問わず、「癒し」の効果があるのですね。

また、バート＝ウェーリスホーフェン（ドイツ）発祥のクナイプ療法には、リハビリテーションのために森林散策が取り込まれています。この療法は、二十世紀初めに同地のセバスチャン・クナイプ司祭によって提唱されたものですが、現在ではドイツ国内の医療制度においても認可され、健康・保養保険の適用が可能な自然療法になっています。療法は、水、運動、植物、食物、調和の五療法から成り立っています。

身近な森林での散策（長野県：知的障害者施設「親愛の里松川」）

森林散策リハビリテーション中の保養客（バート＝ウェーリスホーフェン）

運動療法は市内の森林内に整備されたリハビリテーション・コースを散策することが中心です。同市には毎年延べ一四〇万人の人々が滞在しますが、呼吸・循環器系疾患、老人性疾患、リウマチ、神経症、不眠症等の病気を抱えた保養客がクナイプ療法医の資格を持つ当地の医師による治療を受け、その際に運動療法としての森林散策コースを処方されています。森林散策コースは、クナイプ療法医連盟によって疾患の種類や健康レベル、体格などを考慮し、距離、傾斜、歩行消費カロリーなどが計算・設定されたものですが、もともとは地元住民の私道や狩猟用の森の小道だったものを保養用に整備し、有効利用しています。

これら二つの例に見られるように、緑の中の健康づくりは二十一世紀においてもますます身近に、そして重要なものになっていくことでしょう。

（上原　巌）

86

カメラがとらえる里山の歴史と文化

栃木県那須町芦野には、遊行柳（ゆぎょうやなぎ）の名で知られる有名な風景があります。白河の関のすぐ南に位置する芦野は奥州路、いわゆる奥の細道の入り口として栄えた宿場町であり、西行、芭蕉を初め、とりわけ詩情にたけた旅人たちが多く通っていった場所です。水田の中に、あたかも背後の山からしたたる一滴のしずくのようにたたずむ柳は、おのずと多くの旅人たちの目を引きつけてきました。地域の歴史や文化を慕って訪れる旅人たちの目線には、里山が培ってきた風景が凝縮されているといえます。彼らの目線を追ってみることで、何がそれほどまでに旅人を引きつけたのかが見えてきます。

芦野では平成二年以来、地域の四季と歴史をテーマとした写真コンクールを毎年催しています。応募してくる写真には、遊行柳を初め、歌碑や道祖神、一里塚など、先人たちの旅をイメージさせるものが頻繁に現れます。さらにこれらの写真を詳しく見ていくと、メインの被写体としては、遊行柳のように特徴的な要素が多く選ばれる一方で、背景や前景として、丘陵の森林や水田が四季折々に見せる表情が重要なポイントを占めていることがわかります。例えば、新緑に彩られたり、雪をいただいたりする山々は、季節を感じさせるしるしです。社寺を取り巻く針葉樹林が、淡い柳の若葉とコントラストをなし、写真を引き締めることもあります。農作業にいそしむ人々は里の生活感を表現します。

長い間風化せずに残ってきた里山の風景は、その地域の歴史、文化、風土を伝える貴重な語り部としての役割を果たします。一本の柳の寿命は決して長くありません。何百年にも及ぶ旅人たちの足跡を語り継ぐためには、植え継いでいかねばなりません。そして、柳とともに水田とそれらを取り囲む丘陵、町並みも一緒に保全する努力をしなければ、彼らが旅とともにはぐくんだ文化を伝えることはできません。

郷土の歴史や文化のよさを確認するためにも、また見過ごしてきた一面を発見するためにも、旅人のまなざしをあぶり出す試みも面白いかもしれません。

（奥　敬一）

春先の遊行柳

旅人を見守る道祖神

87 人と森の新しい関係

里山は私たちにとって最も身近な森林ですが、かつてはより生活に密着した存在でした。特に農山村に住む人々にとっては生活や生産活動を支える物資の供給源でもありました。日常生活に必要な薪炭材、農作物に必要な堆肥や厩肥の材料となる落葉、落枝、下草、あるいは家畜の餌となる下草を里山に依存していました。里山は農山村の人々の生活とは切っても切れない強い結びつきがあったのです。

しかし、こうした強い結びつきも戦後の経済成長と自由貿易化の伸展によってほつれていきました。その要因の一つは、一九六〇年代になって薪炭材などの木質エネルギーがしだいに石炭、石油、ガスなどの化石エネルギーに転換されたことです。いわゆる「エネルギー革命」です。エネルギー革命によって里山の薪炭材供給という意義が小さくなりました。もう一つの要因として農業の化学化が挙げられます。化学肥料の利用によって里山から落葉、落枝、下草を採取する必要がなくなりました。

他方、当時の経済成長の過程で木材需要が高まり、木材価格は高い水準で推移していました。そのため、各地で農家の人々による造林が活発に行われました。それは「拡大造林」と呼ばれ、広葉樹林を伐って経済価値の高いスギやヒノキなど針葉樹に植え替える方法で行われました。里山においても利用価値がなくなった薪炭林が伐採され、スギ・ヒノキに植え替えられました。これによって里山は、生活や生産に必要な物資供給の場から、経済価値の高い針葉樹材生産の場へと変わったのです。

その後、外国から輸入される木材の量が増えるにつれて木材価格は低迷し始めます。同時に、経済成長に伴って人件費は高くなり、林業の採算性は悪化しました。経済価値の高い木材を生産するためには下草刈りや除伐、間伐などの手入れが必要ですが、木材価格が低くなるにつれて必要な手入れも行われなくなりました。このことは経済的な関係で結びついていた、人々と森林の関係すら弱まったことを意味します。もちろん、木材価格の低迷だけが山ばなれの原因ではありません。里山を管理してきた農家自体の就業構造の変化も大きな要因です。家計充足のため農家の兼業化が進み、山仕事に時間を割けなくなったのです。

しかし、近年、里山を見直す動きがみられるようになりました。その主体となるのは、都市に住む人々です。都市の人々にとって里山は最も身近な自然であり、野外レクリエーションの場として里山が位置づけられるようになりました。また里山は日本のふる里の原風景であり、景観の面からも里山が注目されるようになりました。さらに、農山村に住む人々だけでは管理できなくなった里山を都市の人々がボランティアで労力を提供し、下草刈りや除伐、間伐などの手入れを行ったり、広葉樹の苗木を植えたりして里山の景観を積極的に守っていこうとする活動も各地で見られるようになりました。このような運動によって、里山との多様な関係が築き上げられつつあります。これは人間と森林の新しい結びつきの模索であると同時に、自然と共生する道の模索でもあるといえましょう。

（堀　靖人）

88

活用に向けて——スタート前の準備

里山の活用に踏み出すに当たって、検討しなければならない事柄がいくつかあります。

今の日本には誰のものでもない土地はありません。里山は「誰か」の所有地であり、所有者の了解を得て協力関係をつくらないかぎりその活用はできません。所有者が里山を森林として維持し続けようと考えている場合、こうした協力関係は比較的容易に形成できます。しかし、たとえ所有者が里山活用の必要性を感じても、税負担が重く、売却による利益が見込める状況のなかでは、なんらかのインセンティブがないかぎり、里山をめぐる活動に協力することに二の足を踏まざるを得ないのが一般的な状況でしょう。

ここでは行政の役割が重要です。多くの地方自治体は、減り続ける里山や都市近郊緑地を保全するために、買い上げや税金の減免措置などの施策を持っていますし、所有者や市民と共同で保全を行うプログラムを提供しているところもあります。ですから、自治体の施策を知り、活用できるものを積極的に活用し、自治体職員との協力関係を構築することが重要なのです。

ところで、里山保全の市民団体は各地で活動を展開しており、こうした団体をつなぐネットワークは全国や各地域で形成されてきています。そして、これらネットワークは所有者や行政との協力関係のつくり方、そして実際の里山の管理、保全、活用の仕方についてさまざまな経験を蓄積しています。こうしたネットワ

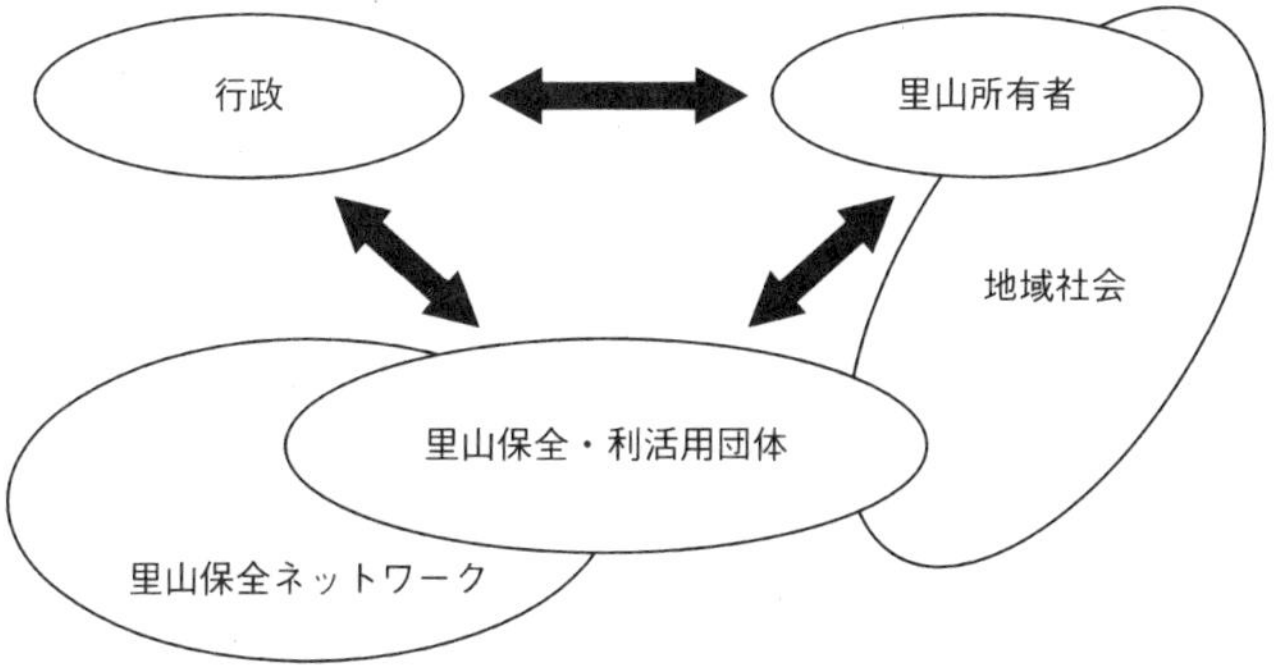

里山活用に向けた人のつながりの形成

ーク組織や既存の団体と接触し、その経験を学び、助言を受けることによってより有効な活動を展開することが可能となります。もちろん、後からあなたがたの活動の経験をフィードバックすることによって、後に続く人々を応援することも大切です。

また、里山活用に当たってもう一つ気をつけなければならないことは、里山は個人の所有地であるとともに、地域住民にとって貴重な緑資源、環境資源であることです。地域住民と積極的に交流することによって、地域との協力関係の上に立った、そして地域の人々が代々受け継いできた智恵を生かしたよりよい里山の保全活動と活用が可能となるといえます。

こうして見てくると、里山の活用は優れて社会的な行為であり、さまざまな人々のつながりのなかで考えなければならない課題であることがわかります。里山活用成功の鍵は、所有者、行政、地域住民、他の里山団体とのつながりをつくり出し、そのつながりのなかで活動していくところにあります。

（柿澤宏昭）

89

木を植えて魚を殖やす

木を植えて魚を殖やす……？　この一見不思議な漁師の植樹活動が、ここ数年、全国に広がっています。始まりは北海道の浜のお母さんたち、北海道漁協婦人部連絡協議会でした。この協議会は「百年かけて百年前の自然の浜を」を合言葉に、一九八八年から「お魚殖やす植樹活動」を始めました。翌一九八九年には、岩手県気仙沼湾の牡蛎養殖業者が「森は海の恋人」をテーマに「ひこばえの森」づくりを始めました。この二つの取り組みは大きな反響を呼び、今日の全国的な広がりを生む原動力になりました。

ところで、なぜ海で働く漁師が、陸に上がって木を植え始めたのでしょう？　この取り組みに深くかかわる柳沼武彦さん（北海道指導漁連）は、「森と川と海は一つ」という意識があるからと語っています。

この言葉には二つの意味が込められています。一つ目は、自然の営みとしてのつながりです。木陰をつくったり、水の濁りを防いだりすることで森が魚の生息を助けていることは、以前から経験的に認識されていましたが、近年では、渓流の魚が高い水温では生きられないことや餌となる水生昆虫や落下昆虫を森が供給していることが科学的に明らかになってきました。森と海の結びつきは、まだ研究途上ですが、森の存在が川を通して海に影響していることは間違いないと思われます。海の保全には陸の人々の協力が必要です。「森と川と海は一つ」の二つ目の意味は、この陸の人々との結びつきです。

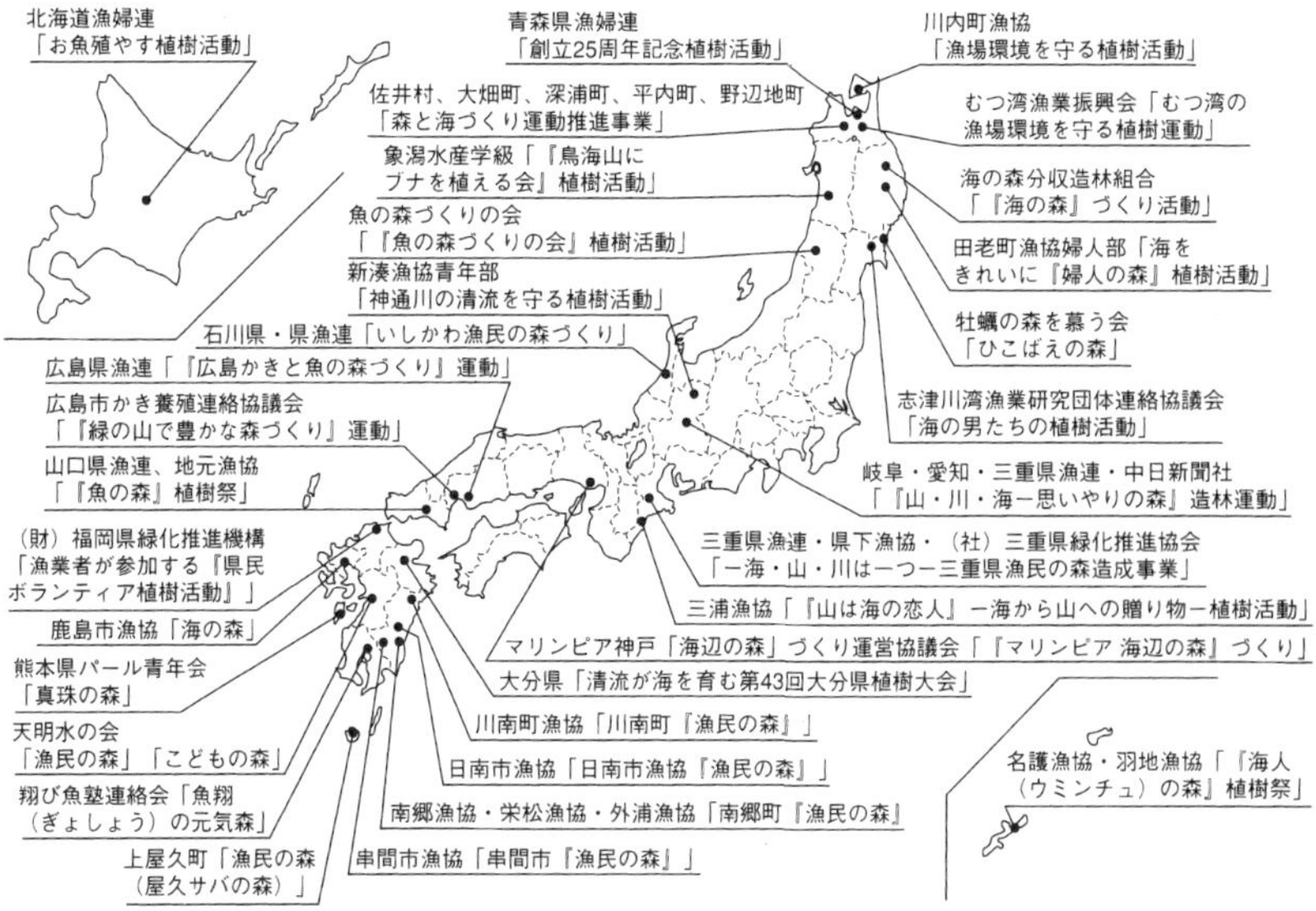

全国の「漁民の森」活動　（『漁協（くみあい）』特集「全国漁民の森サミット」より）

日本の漁業は、一九七〇年代後半から二〇〇海里規制によって遠洋を追われ、さらに近年では輸入魚介類に押されています。そのため、高級品の養殖などを支える沿岸を豊かな海にすることがたいへん重要な課題になっています。一方、漁業同様、農林業も輸入産品に押され、沿岸に影響する森や農地の管理が放棄される状況に陥っています。こうした状況のなか、漁師の植樹活動は、同じ地域に住む者が共存共栄していくために、仕事の違いや上下流の垣根を越えて協力し合おうという呼びかけになっています。

我々の里山は、薪炭、落葉、木材といった使い道を失い、その存在価値まで見失われようとしていました。漁師の植樹活動は、使い道の有無ではなく、森があること自体の価値と、海や川も視野に入れた管理の必要性を我々に示してくれています。

（齋藤和彦）

90 都市圏環境林の保全

神奈川県内の里山林は、農用林、薪炭林など生活に密着した森林として利用されてきましたが、近年は生活様式や土地利用の変化により、日常的に利用されることが少なくなっております。

一方、昭和五〇年ごろから、里山林の周辺に住む人々の間で「コミュニティ活動やレクリエーションの場に雑木林を利用したい」「里山林をなんとか残して欲しい」という声が大きくなっております。また、里山林の所有者からは「森林にゴミを捨てられたり、樹木に傷をつけられたりして迷惑している」「税金が高く山を維持するのは大変である」などの不満も出ております。このような声に応えるため、県や市町村では、さまざまな施策に取り組んできましたが、それらのなかから県が取り組んできた事例を紹介します。

① 県が苗木や道具類を用意し、一般公募の五〇団体が、県有林内で植林から保育まで、二〇年間継続して作業する「県民手づくりの森」整備事業の実施（ボランティアによる森林づくりの事例）。

② 森林所有者、緑の実践団体、市町の三者が五年以上の森林の利用協定を結び、県、市町が森林や利用施設の整備に要する経費を負担し、実践団体が広葉樹林の整備を行うとともにキノコ生産の場等として利用する「きずなの森」整備事業の実施（利用協定による森林管理の事例）。

③ 森林や緑地の買入れ、緑地の保存契約の締結、森林づくりボランティアへの支援などを目的とした「か

ながわトラストみどり基金」「かながわ森林基金」の設置（基金による森林の保存や整備の事例）。

④　公益的機能（水源かん養機能）の高い森林づくりをめざし、水源地域の私有林を対象に、公的管理、公的支援による森林整備を進める「水源の森林づくり」事業の実施。なお、この事業では、県営水道の利用者が経費の一部を負担（公的管理による森林整備の事例）。

一方、横浜市、相模原市など市町村の里山林の保全施策としては、「基金」の設置や協定制度、賃貸借契約等により、市町村と住民が一体となって里山林を保全していこうという試みがなされています。特に、市町村の施策では、森林所有者に対して、税の減免措置や免除措置などが実施されているのが特徴といえます。

今後、都市圏環境林ともいえる里山林を永続的に保全するためには、県や市町村のこれまでの施策に加え、さらに次のような点に配慮する必要があると考えます。

☆　ボランティアや特定のグループなどのみに頼るのではなく、地域の自治会活動の一部に位置づけるなど、森林所有者と地域住民全体の責務として里山林を保全するシステムをつくる。

☆　行政は、技術支援、道具の貸与、税制面などでの配慮を行い、森林の整備や利用は住民が自ら行うなど各々の役割を明確にするとともに、行政主導型から地域住民主導型の森林整備に変える。

☆　多くの人が参加しやすくするため、森林内の清掃、つる切りなど簡単な作業から始め、徐々に枝打ち、間伐等の森林整備や森林の利活用を行う。

（蓮場良之）

91 里山トラスト運動

里山は、ときに開発などによる破壊の危機にさらされます。身近な価値ある自然を破壊から守るために、私たちには何ができるのでしょうか。その方法の一つに「ナショナル・トラスト運動」があります。ここでの「ナショナル」は、「国家の」や「国立の」ではなく、「国民の」という意味です。国民が自発的にお金や力を出し合い、価値ある自然や歴史的な建造物などを買い取るなどして、保存、管理、公開していこうとする運動です。

この運動は一八九五年にイギリスで生まれました。世界に先駆けて産業革命を行い発展を遂げる一方で失われつつあった美しい自然や歴史的建造物を取得し守るために、三人の市民によって民間団体「ナショナル・トラスト」が設立されました。「一人の一万ポンドより、一万人の一ポンドずつを」をスローガンに、その運動は広く国民の支持を受け、ナショナル・トラストは多くの自然環境や歴史的な遺産を取得し、今日ではイギリスにおける民間最大の土地所有機構になっています。誕生から一〇〇余年たった今日、運動は世界四十数か国に広がり、それぞれの国で独自の活動が展開されています。

日本でナショナル・トラスト運動が始められたのは一九六四年のことです。鎌倉の鶴岡八幡宮の裏山に宅地造成計画が持ち上がった際、古都の歴史的景観を破壊から守るために住民が財団法人「鎌倉風致保存会」

を設立し、募金運動を展開しました。この会の発起人である作家の大佛次郎は、随筆『破壊される自然』のなかでイギリスのナショナル・トラスト運動を紹介し運動の広がりに大きな役割を果たしました。運動を始めてから一年半後には宅造予定地の山林の一部、一・五㌶の買い取りに成功し、事業は中止されました。

現在では、全国各地でさまざまなナショナル・トラスト運動が展開されています。その組織形態には、住民が中心のものや自治体が中心のもの、住民と自治体が協力して取り組んでいるものなどがあります。特に運動への自治体のかかわりは、日本のナショナル・トラスト運動の大きな特徴といえます。自治体と連携することで、そのトラスト運動に対する社会的な信頼度が高まり寄付金が集めやすくなるといわれています。また、対象地の確保に当たっては、地価が高く土地の買い取りが困難な場合、状況に応じた確保方法の工夫が必要になります。例えば、土地の所有者と保存契約を結ぶ方法や立木を買い取る方法も広がっています。このように、ナショナル・トラスト運動は多様な形をとりながら自然環境や歴史的景勝を守っています。そのどれもが未来に残したい環境を自らの手で守ろうとする人々の思いと行動力の結晶です。

(石崎涼子)

トラスト運動による保全対象位置図

出所：㈳日本ナショナル・トラスト協会「平成9年度ナショナル・トラスト運動に関する調査報告書」

92 市民参加による人工林管理

里山といえば広葉樹やマツを主体とした天然性二次林というのが一般的です。しかし、スギ・ヒノキを主体とする人工林に転換された里山も少なくありません。人工林は手入れによって健全性が保たれるものですが、木材自給率が二割を切る状況のなかで放置され、荒廃の危機を迎えています。ここではこうした人工林保全のための森林ボランティア活動について、東京都を事例として紹介します。

東京都における人工林保全のための市民参加の契機は一九八六年の大雪害でした。これは約三〇億円もの被害をもたらし、被害木が林内に散在し、素人目にも荒廃の現状が明らかなほどでした。その結果、雪害跡地の片づけや再造林を手伝う形で市民による人工林管理作業が開始されたのです。こうした活動から始まった地元森林所有者との交流のなかから、雪害とは異なるタイプの森林荒廃、すなわち手入れ不足による森林荒廃の現実が市民にも認識され、人工林管理のための森林ボランティアは急速に広がっていくこととなりました。現在、東京では活動のタイプ別に、以下の三種類の活動が行われています。

① 作業請負型…作業請負契約を結んだうえで、作業者を市民のなかから公募し、森林管理作業を実施するもの（草刈十字軍東京庵）。

② ボランティア型…森林所有者との信頼関係に基づき、目標とする森林の将来像を取り決め、森林管理

作業に参加するもの（浜仲間の会、林土戸、花咲き村など）。

③　自主管理型…市民が森林を借り受け、自ら造林・保育などの森林管理作業を行うもの（森林クラブ、創夢舎など）。

こうした市民の活動により、木材生産と土壌保全・水源かん養を両立できる森や生物の多様性に配慮した森、環境教育に利用できる森、針葉樹人工林から広葉樹林への再転換などの多様な森づくりが行われています。もちろん、ボランティア活動によって実際に管理しうる森林面積はごくわずかにすぎず、我が国の森林面積から考えれば点にすぎません。森林ボランティアは「作業を行う」といっても「安上がりの労働力」ではないのです。その点から現実の森林管理の担い手としてボランティア活動に期待できるのは都市内にわずかに残された緑地や中山間地域内で、なんらかの形で委託された小面積の森林や短期間の限定された作業種といったさまざまな制限がつくものといえます。それよりもこうした市民による森づくり活動は、身近な森林を管理する作業を通じて「今、森に何が起きているか」を理解し、「森を守るために私たちに何ができるか」を考えるためのものとして機能しているといえるでしょう。

こうした東京の森林ボランティアグループのネットワークとして誕生した「森づくりフォーラム」は、より多くの市民に森林問題に関心を持ってもらうための種々のイベントを開催し、二〇〇〇年には全国のボランティアグループのネットワークとして、ＮＰＯ法人化を目指しています。

（山本信次）

93 結いが息づく町

高度経済成長期には人の住めない町、夜逃げの町といわれながら、今では人口の一〇〇倍以上にものぼる一二〇万人の年間入り込み客を迎えるまでに変化した町があります。しかも里山を初めとする豊かな自然が守り育てられながら。

宮崎市からわずか二三キロのところにあるこの綾町は、平成七年現在、人口七四一九人のこぢんまりとした町で、豊かな里山が町の中心を取り囲むように広がっています。今では照葉樹林都市、自然生態系有機農業の町、照葉大吊橋などで有名な町となっているわけですが、「人の住めない町」とまでいわれた町が地域特性としての里山を守り育てながら、それを吸引源に外部から多くの来訪者を迎えるまでによみがえることができた要因はいかなるものでしょうか。里山保全の優良事例として綾町の取り組みを見てみましょう。

綾町の豊かな里山が守り育てられてきた大きな特徴として「結いが息づく全町民参加の町づくり」と「自然生態系を活用する町づくり」の町政が挙げられます。この二つがうまく調和して、里山保全のシステムとして機能してきたと考えられます。「結（ゆ）い」とは、今ではあまり見られなくなりましたが田植えなど一時的に多くの労働力を必要とするときにみんなで加勢し合うことです。この気持ちが町政に息づいているようです。具体的には、自治公民館活動（昭和四〇年発足）といわれる、集落単位に設置した自治公民館を中心とした行政が推進されています。そこでは地域住民が生活の向上、諸問題を議論することで町政に参加するわけです。住民各自が、生活向上のためには……、自分たちの町を暮らしやすくするためには……、といった議論をしながら町政に参加しているのです。このような結いの町政とあわせて、自然生態系を活用する町政は里山保全に不可欠な役割を果たしています。里山はそこに暮らす人々の生活と密接な関係にあるわけですが、人の手が加えられなくなると荒れ果ててしまいます。綾町では豊富な自然環境としての里山を町の糧となるよう活用してきたわけです。

　このような里山保全のシステムが一朝一夕にできたわけではありません。もちろん町民の努力はいうまでもないことですが有能なオピニオンリーダーの存在が、今ある町政の礎を築いたことは否定できません。町の発展を急ぐあまり、自然が破壊されてしまった事例は多く見られます。ところが綾町は宮崎市のベッドタウンともなりうる立地条件でありながら、人口は昭和四五年当時からほぼ横ばいです。そこには自分の町を郷土として愛する人を大切にする理念がうかがえます。郷土愛が里山をはぐくんでいるのですね。

綾の照葉大吊橋

（野田　巌）

94 トトロと里山

埼玉県所沢市の南西部、狭山丘陵の東の端には三か所の「トトロの森」があります。「トトロの森」は(財)トトロのふるさと財団の所有する里山です。

狭山丘陵は、東西一一キロ、南北四キロで東京都と埼玉県の境にぽっかりと浮かぶ緑の孤島のような丘陵地です。ここは、一〇〇〇種以上の高等植物が見られ、二〇〇種以上の鳥類を数えることのできる自然の宝庫です。また、一万年以上も前から人間が生活していたことが二〇〇を超える遺跡から明らかになっており、文化的に見ても貴重な場所です。

高度経済成長に伴って、狭山丘陵は宅地や工業用地などのために次々と開発され、それとともに里山が急速に消えていきました。そこで、今から二〇年以上も前に、狭山丘陵が抱く自然や文化の大切さに気づいた住民たちによって、狭山丘陵の保護運動が始められました。活動当初は開発に対する反対運動が中心でしたが、里山を守る運動の一つとして募金を基にした「トトロのふるさと基金」を設立し、狭山丘陵に残された土地を買い取るという、ナショナル・トラスト方式の保護運動が一九九〇年から始まりました。

この運動に大きな力を与えたのが映画「となりのトトロ」でした。そこには、手入れの行き届いた雑木林や屋敷林といった守るべき里山と、それを取り巻く人々との関係が描き出されていました。そこで、映画の

トトロの森１号地

トトロの森に隣接する，緑のトラスト保全２号地

メインキャラクターである「トトロ」を基金のシンボルキャラクターとして選び、広く一般に寄付を求めました。このことが新聞やラジオ、テレビなどで取り上げられると、全国各地からぞくぞくと寄付金が寄せられました。設立からわずか二年間で、約一万一〇〇〇人による、約一億一〇〇〇万円の寄付が集まりました。この基金によって、一九九一年夏に最初の「トトロの森」が誕生したのです。そしてこれに呼応するかのように、所沢市やさいたま緑のトラスト基金などの公的な資金によっても、狭山丘陵の里山が買い取られ、保護されるようになりました。

一本の映画に触発された、里山を守ろうと考える一人ひとりの小さな善意の結晶が多額の募金となり、「トトロの森」が誕生しました。そして、行政を動かす原動力の一つともなったのです。

（髙橋正義）

95 地域住民と里山の新たな関係

都市近郊のある農村の住民に「一年間に何回里山に入りましたか?」とアンケートをしたところ、約半分の人が一度も里山に入っていないことがわかりました。農村地域の住民でも、現在では里山との関係がかなり希薄化しているようです。

そのような失われつつある関係を再構築した事例として、広島県東広島市吉川地区の高齢者グループ「長寿会」によるマツタケ山整備事業を紹介します。この事業は、数十年間ほとんど手入れされずに放置されていた財産区有林（昔の村有林を町村合併の際に制度替えしたもの）のうち、五ヘクタールのアカマツ林をマツタケが発生しやすい林分環境に整備することを目的として、平成元年に始められました。

最初の年は、延べ四一八人のお年寄りが参加し、四五日間かけてアカマツ枯損木の伐倒や繁茂した広葉樹類の調整伐をしました。次の年からは下刈りや落葉のかき出しなどの維持管理を行います。これらの作業は無理のない日程および内容になっているため、たいへん和やかな雰囲気で行われています。

手入れされたアカマツ林の林床には、マツタケが発生するようになるとともに、それまで姿を隠していたササユリ、シハイスミレ、ツルリンドウなど花を咲かせる在来の草本が復活しました。低木層でも、切り残されたコバノミツバツツジなどが春に鮮やかな花を咲かせます。

おじいさんからのメッセージ

さらにこの事業では、収穫されたマツタケを使った炊き込みご飯を地元の保育園児や小学生に振る舞う「マツタケを食する会」を開催しています。この会では、長寿会のリーダーの方から子どもたちに対して、地域の自然の大切さについてのメッセージが送られたり、小学生が里山の自然を体験できるように、マツタケの発生箇所の見学やその途中の林内での植物観察も行われています。最近では、小学校ＰＴＡがこの会を環境教育の場として積極的に利用するようになり、その成果は文部大臣表彰を受けるほど注目されるようになりました。

この吉川地区の事例のように、里山をよみがえらせるということは、共有資源である里山を地域住民によって現代的に再利用することにより、里山と地域住民、さらには地域住民同士の新たな関係を構築することなのではないでしょうか。

（山場淳史）

96 効率的な下刈り

森林の下草は多種多様な植物から構成されています。文字どおりの草である草本植物や、やがては大きな樹になる可能性のある木本植物など、サイズも性質もそれぞれ変化に富んでいます。人間の営みと密接に結びついている森林の場合、一般的には目的とする樹木は限られた樹種であり、それ以外は不要な競争相手として雑草木という呼び方をしています。このなかには、樹木にからみつくつる類も含まれます。

限られた空間の中でそれぞれの樹種が成長するため、必然的に資源の奪い合いになります。植物の成長に欠かせない資源は水や光ですが、特に競合関係のなかでいかに葉を高い位置につけて光をより多く利用して光合成生産を行うかが、競争に勝つ重要なポイントになります。それは、いったん相手より高くなれば自分自身は光を十分に利用できる反面、相手は日陰になることによって、優劣の差が拡大するからです。

雑草木のうち、つる類を除く大型の草本類やササなどは高さが大きくとも二～三メートル前後にしかなりません。一方、目的とするような樹木はたとえ植栽した直後の高さが数十センチでも、年々成長して高くなっていきます。したがって、これら競合する雑草木に対して絶対的に優位な高さに達するまでの間どのようにして目的とする樹木の成長を停滞させないか、が除草における一つの目安になります。

林地における除草作業（林業ではこれを下刈りと呼びます）は多くの場合、下刈り鎌や刈り払い機（エンジン付き）を使って行われてきました（写真）。しかし、傾斜地での作業が多く移動が困難なことや、夏場の炎天下での長時間労働などからかなり過酷な作業といわれています。また、開放地のように光が十分にあると雑草木はすぐに再生してしまい、一年に複数回の除草が必要になることもまれではありません。

そこで、代替的な手段として除草剤を利用して除草を行う方法が挙げられます。近年利用されるようになってきたラウンドアップ®はほとんどの雑草木に効果があり、植物体の一部に付着しただけで成長を抑制する働きがあります。付着せずに地面に落ちた薬液は分解されるので、土壌中に残留する危険性はありません。

ハチ除けネットをかぶっての下刈り

また移行型であるため根などの地下部の成長も抑制でき、抑制効果も比較的長期間持続するので、作業量や頻度の軽減につながります。フジやクズなどのつる類のように再生力の大きい種類に対しても移行性があるため地下部まで効果があり、従来の方法より処理は楽で作業効率も上がるといわれています。

ただし、成長抑制効果に選択性がないため、目的とする植物に付着すると薬害を引き起こすことがあるので、里山などでの使用には十分な注意が必要です。また、散布量が多すぎると急激な植生の変化をもたらすことにも留意する必要があります。

（奥田史郎）

97 落葉の利用

かつて落葉は燃料、また草木灰や堆肥の原料として余さず利用されたのですが、現在は資源としてはほとんど顧みられません。しかし有機農法やガーデニングが流行する現在、効き目が穏やかで長持ちするうえに土壌の理化学性を改善し、土壌生物活性を高める作用がある堆肥の効用は大いに注目されており、その原料としての落葉の可能性をもう一度探ってみる必要があります。

落葉はそのままでは肥料として使うことはできません。落葉に含まれる窒素やリンなどの養分は低濃度でしかも炭素の鎖の中に封じ込められているため、植物には直接利用できないのです。そのため、養分濃度を肥料に適したレベルまで引き上げ、しかも植物が使えるようにするには微生物によって落葉を分解させる必要があります。これが堆肥化です。微生物は落葉を分解して炭素を取り込みますが、それを呼吸によって消費し、二酸化炭素として放出します。炭素と同様に窒素やリン、カリウムなどの養分も微生物に取り込まれますが、それらは散逸せずに残ります。つまり落葉の体積が減るにしたがって養分が濃縮されていくわけです。この結果は炭素と窒素の含量の比率である炭素率という数値（表参照）で表されますが、堆肥化によって炭素の量が半分以下になることがわかります。また、堆肥にすることで落葉自体に含まれる有害物質を減少させ、落葉に潜んでいる植物病原菌、害虫、雑草の種子などを減らすことができます。

落葉を原料として堆肥をつくるには、小屋の中に積むか、ビニルシートを敷いてその上に積み、雨ざらしにならないようにします。そして適量の水を散布し、その後ビニルシートなどを被せて発酵により温度が上がってくるのを待ちます。しかし落葉に含まれる養分量は少なく微生物が増えにくいため、その分解は遅く、なかなか発酵温度が上がりません。温度の上昇が乏しいと、有害生物の除去が不十分となり、また堆肥が熟成するまでに長時間かかります。したがって発酵を補助するため、最初に少量の化成肥料（窒素肥料）や鶏糞など養分が多く易分解性の補助資材を添加することが望ましいでしょう。また、分解促進剤として石灰などを混ぜたり、他の有機資材と組み合わせて堆肥化するのも効果的です。

各種堆肥原料および完熟堆肥の炭素率

原　　料	炭 素 率
針葉樹の新鮮落葉	60〜100
広葉樹の新鮮落葉	50〜80
針葉樹（米ツガ）樹皮	200〜250
広葉樹樹皮	75〜100
針葉樹おがくず	500〜1,500
稲わら	50〜60
麦わら	60〜80
牛糞	15〜25
豚糞	10 前後
鶏糞	10 前後
完熟堆肥	15〜20

発酵が進んで温度が上がりすぎると微生物が死滅し、その後の分解が進まなくなってしまうので、切り返しと散水を行って全体をよく混ぜ合わせ、温度をいったん下げます。そして再度発酵させる、という行程を繰り返します。

腐熟が完了するまでの期間は、材料である落葉の組成やその状態、堆肥化の手法や行程管理によって異なるため一定しませんが、腐熟が十分に進むと落葉の原形はほとんど崩れてわからなくなり、色は黒変し、やや粘りが出るようになります。

（溝口岳男）

98

里山の手入れ——除・間伐

除伐や間伐は樹木の光をめぐる競争を和らげ、形質や大きさなど利用目的に合った森林をつくる技術です。除伐は生育初期（二〇年未満）の競争に負けた個体を除去する作業です。その後の最終伐採に至るまで数回の伐採作業を間伐と呼び、人工林の場合は間伐材も利用できるように計画します。針葉樹一斉人工林では、間伐の指針として密度管理図が使われています。森林の成熟とともに木々の間に競争が生じ、弱い木が自然に枯死してしまうことから、一定の土地面積の上に生育できる木の本数（立木密度）には限界（最多密度）があることがわかります。最多密度に達する以前、立木密度と樹高（林齢）や木材量に関係性があり、これらが密度管理図にまとめられています。間伐はこうした法則に基づいて行われ、残存木の大きさや形状を制御します。さらに一斉人工林の場合、間伐は前述の役割のほかに台風や雪害による倒壊の回避、衰退木から進入する病虫害の予防、下層植生を増やし土砂の流れを抑え、植物種を多くするなどの効果もあります。

例えば一〇〇メートル四方の土地に一・五メートル間隔でスギ苗木が植えられたとしたら、約四〇年で樹高一七メートル、太さ一五センチになり、つるなどの被害が多く抵抗力の弱い木がびっしり生えそろいます。この状態では林床の明るさは林外の一％以下となり、下層植物はほとんど生育できません。しかし適切な除・間伐によって光条件が改善されると、残った個体が旺盛に成長し健全な森林を育成することができます。また長期的な視点に立てば、間伐によって森林の生産量（二酸化炭素の固定量）は減少しないことがわかっています。

里山林の多くは、旧薪炭・農用林が三〇年以上経過し、萌芽した細い木の多い広葉樹二次林です。適切な除・間伐によって用材に適した大きな木（大径木）を増やすことができます。東北地方のブナ再生林を放置しておくと、二〇年生の林でその二〇%の木が枯れ、そのなかに多くの太い木が含まれていました。しかし間伐によって太い木の枯れが減少し、また間伐材はナメコの原木に利用できます。

無手入れの里山

手入れした里山

里山の広葉樹林は、木材の生産のほかに景観保全やレクリエーション利用、豊富な動植物の維持、林地保全等多くの効用が期待されます。このような森林を育てる場合、さまざまな大きさの木が林内に育っていることが必要です。密度管理図は森林全体の量または平均値しか扱えず、里山の広葉樹林の管理には不向きです。そこで考えられたのが収量―密度図で、間伐によってある大きさ以上の木がどれだけ生育できるようになるか、計画を立てることができます。この場合、大きさ別に木を階級分けし、各階級から同じ比率で間伐対象木を選びます。里山の管理では樹種特性に合わせた適正な処理も重要であり、そこに住む人たちの知識ときめ細かい手入れが大切です。

（宇都木　玄）

99 炭を焼いてみよう!

近年、木炭が、まろやかな熱源としてのよさを見直されるとともに、健康に役立ち、環境に優しい素材としても注目が集まっています。

では、なぜ炭で焼いた蒲焼きはおいしいのでしょうか。その要因として放射線(近赤外線)効果による「うまみ成分(アミノ酸)」の生成があります。表面をカリッと焼き上げつつ内部にうま味成分を封じ込める独特の風味が炭火焼きの特徴です。さらに、「うちわ」一本で自由自在に加熱温度をコントロールでき、かつ、その際にミネラルの固まりである木灰が食べ物の表面に付着してピリッと味を引き立てるなど、あまり知られていない面白い効果もあります。

木炭の構造を顕微鏡で見るとハチの巣を連想させるような多孔体となっており、一グラム当たりおよそ三〇〇平方メートルに達するといわれる内部表面積が優れた吸着性能を生むとともに微生物のすみかとしての働きも認められ、こうした特性は土づくり、水の浄化、床下調湿など広範囲に利用されています。

さて、備長炭や茶の湯炭などの炭は本格的な炭窯と高度な製炭技術を必要としますが、私たち素人でも取り組める簡易な製炭方法として、最近の自然体験学習などでよく行われている「伏せ焼き法」を紹介します。

その手順を簡単に述べると以下のとおりです。①平地に穴(奥行二メートル、幅一メートル、深さ三〇センチ)を掘って窯底をつくる。②窯口および煙道口を太い木でつくり、煙突を取りつける。③炭材を敷木の上にすき間なく積み上げる。④炭材をスギ葉、枯れ草などで覆ってその上にトタン板を被せ、さらに土をまんべんなく乗せて踏み固める。⑤次に窯口で口だき用の木に火をつけ、煙が力強く立ち上るまで燃やし続けて窯の中の炭材に着火させる。⑥着火後は徐々に窯口を閉めて少ない空気で燃焼する環境をつくり、煙が白煙から青味がかった煙、さらには透明な煙へと変化すると炭化が終了するので、すべての穴を塞ぎ密閉する。⑦一日ぐらい冷却した後、窯開きし、炭を取り出す。この方法も本格的な炭窯も、酸素量によって温度をコントロールしながら木材を熱分解する製炭の原理にはなんら変わることがなく、したがって、窯の設置場所や方向の設定、窯の密閉に注意を払うとともにできるだけゆとりのある時間設定を行い、ゆっくりと炭化させることがよい炭をつくるポイントです。炭焼きとは、燃やすというよりもそれを制御する技術と考えています。

紀州備長炭の炭焼きさんには「択伐」という山の恵みを受けながら山を守り育てる「人と自然の共生・循環活用」の知恵があり、こうした里山を生かす「炭焼き技術」を二十一世紀に伝えることが重要であると思います。

（尾隠山明宏）

伏せ焼き法（和歌山県）

100 森林づくりに使う道具

里山での市民活動はプロ作業とははっきりと違います。プロはいかに手数を減らせるかを考えて仕事をします。つまり利益を優先させて考えます。アマチュアは作業を通じて自然を理解し、楽しく安全に作業を進めることが必要です。

道具は機械（林業機械）と手道具に分けられます。林業機械は目を見張るほど効率がよく、どんどん仕事を進めることができます。反面、危険度が大きく、価格も高く林地を壊すものも少なくありません。こうしたことを勘案するとチェーンソー、刈払機、シュレッダー（チッパー）といったものが無難なところでしょうか。子どもも参加する場合は使用する場所を別にするか、あるいは十分なサポート役が必要でしょう。

そのほか、今のところ里山管理活動で使用している例はありませんが、管理する面積が大きい場合にはモノレールも役に立ちます。もっとも、しょっちゅう子どもや大人が遊ぶ道具になることも考えておかなければなりません。

手道具ではナタ、手鋸が手放せません。このほかアマチュアが使って便利なものに刃の厚いソダ鎌、小枝を切る剪定鋏、懸かり木を倒したり、伐採に際して目的の場所に誘導するための長いロープ、長さ二〜三《メートル》ほどのロープを輪にしたものなどがあります。輪にしたロープは重い丸太を運んだり、ばらばらの枝をまとめて運んだりするときにたいへん便利です。このほか竹竿や若木の細棒（桿）も、枯れ枝を落としてすっきりとした森林をつくるには重宝な道具です。

こうした品物はホームセンターのほか、森林組合、専門の林業機械屋さんで入手できます。道具が整備されていれば作業性が高まり、けがなどの事故も減ります。しかしそのあまり、道具整備に初めから熱心すぎると初心者の森に対する情熱を失わせることもあります。熟練者が十分な支援をすれば済むことです。そのうちに、参加者が整備された道具が必要だとわかれば自発的に動き始めます。

意外と便利な輪になったロープ

市民参加型の森づくりは作業性が優先されるわけではなく、合理性を理解させる教育が大事です。徒弟制度的な半ば強制的な技能伝授の方式は避けたいものです。（中川重年）

101 さらに勉強したい方のために——参考文献

エッセイ・写真集など

徳富蘆花（1900）自然と人生、岩波書店ほか
国木田独歩（1901）武蔵野、新潮社ほか
徳富健次郎（1913）みみずのたはごと、岩波書店ほか
足田輝一（1977）雑木林の博物誌、新潮社
足田輝一（1978）雑木林の四季、平凡社
足田輝一（1986）雑木林通信、文芸春秋
平野貴久（1989）雑木林　平野貴久写真集、文一総合出版
井原俊一（1989）森に新風が吹く日　里山を見つめて10年、朝日新聞社
ジョニー・ハイマス（1994）写真集　たんぼ　めぐる季節の物語、NTT出版
ケビン・ショート（1995）ケビンの里山自然観察記、講談社
今森光彦（1995）写真集　里山物語、新潮社
今森光彦（1996）里山の少年、新潮社
富山和子（1998）写真集　水と緑の国、日本、講談社

里山の歴史
本間清利（1981）御鷹場、埼玉新聞社
小椋純一（1992）―絵図から読み解く―人と景観の歴史、雄山閣出版
小野佐和子（1992）江戸の花見、築地書館
松田道生（1995）江戸のバードウォチング、あすなろ書房
大塚初重・白石太一郎・西谷正・町田章編（1996）考古学による日本歴史16 自然環境と文化、雄山閣出版
小椋純一（1996）植生からよむ日本人のくらし―明治期を中心に―、雄山閣出版
国土緑化推進機構編（1997）総合年表 日本の森と木と人の歴史、日本林業調査会
司馬遼太郎（1997）街道をゆく7 甲賀と伊賀のみち、砂鉄のみちほか、朝日新聞社
コンラッド・タットマン著・熊崎 実訳（1998）日本人はどのように森をつくってきたのか、築地書館

里山に関する制度
高木政弘（1994）林業・木材業のための税知識入門、全国林業改良普及協会
山田国広（1994）里山トラスト、北斗出版
アーバンフリンジ研究会・建築知識編（1995）「都市近郊」土地利用事典'96～'97、㈱建築知識
魚住侑司編（1995）日本の大都市近郊林―歴史と展望―、日本林業調査会
木平勇吉編（1996）森林環境保全マニュアル、朝倉書店
林地保全利用研究会編（1996）都市近郊林の保全と利用―林地問題研究会の提言―、日本林業調査会

木原啓吉（1998）新版　ナショナル・トラスト、三省堂
国土庁計画・調整局（1998）21世紀の国土のグランドデザイン―地域の自立の促進と美しい国土の創造―、大蔵省印刷局
船越昭治編著（1999）森林・林業・山村問題研究入門、地球社

里山の文化・社会

上田　篤（1984）鎮守の森、鹿島出版会
室田　武（1985）雑木林の経済学、星雲社
武内和彦・横張　真・井出　任（1990）田園アメニティ論、養賢堂
松井光瑤・内田方彬・谷本丈夫・北村昌美（1992）大都会に造られた森―明治神宮の森に学ぶ―、第一プランニングセンター
相神達夫（1993）森から来た魚―襟裳岬に緑が戻った―、北海道新聞社
四手井綱英編（1993）―下鴨神社―糺の森、ナカニシヤ出版
松永勝彦（1993）森が消えれば海も死ぬ―陸と海を結ぶ生態学―、講談社
柳沼武彦（1993）木を植えて魚を殖やす、㈳家の光協会
猪瀬直樹（1994）唱歌誕生―ふるさとを創った男、文芸春秋
武内和彦（1994）環境創造の思想、東京大学出版会
大館勝治（1995）田畑と雑木林の民俗、慶友社

郷田　実（1998）結いの心、ビジネス社
高田　宏・小山勝清（1998）心の民族誌　里山からのメッセージ、星雲社
田中淳夫（1999）伐って燃やせば森は守れる、洋泉社
田渕俊雄（1999）世界の水田　日本の水田、農文協

里山と人との関わり方

勝原文夫（1979）農の美学―日本風景論序説―、論創社
勝原文夫（1986）村の美学―原風景と修景の座標―、論創社
飯田　稔（1992）森林を生かした野外教育、全国林業改良普及協会
伊沢正名（1992）キノコ狩りガイドブック、永岡書店
工藤直子（1992）あっ、トトロの森だ！、徳間書店
山岡文彦（1992）歩いてみよう雑木林、家の光協会
河合雅雄監修・丹波の森協会・中瀬　勲編（1993）もり　人　まちづくり―丹波の森のこころみ―、学芸出版社
進士五十八・鈴木　誠・一場博幸編（1994）ルーラル・ランドスケープ・デザインの手法―農に学ぶ都市環境づくり―、学芸出版社
新井重三（1995）実践　エコミュージアム入門―21世紀のまちおこし―、牧野出版
堀　繁・斉藤　馨・下村彰男・香川隆英（1997）フォレストスケープ―森林景観のデザインと演出―、全国林業改良普及協会

川嶋　直　（1998）　就職先は森の中―インタープリターという仕事―、小学館
環境庁企画調整局調査企画室編（1998）　ある夏の里地物語（マンガで見る環境白書Ⅴ）、大蔵省印刷局
国土緑化推進機構企画・監修、日本林業調査会編（1998）　森林ボランティアの風　新たなネットワークづくりにむけて、日本林業調査会

里山関連の自然科学

中山周平　（1985）　雑木林ウォッチング（自然観察シリーズ）、小学館
山岡文彦　（1985）　雑木林の観察、ニュー・サイエンス社
守山　弘　（1988）　自然を守るとはどういうことか、農山漁村文化協会
井出久登・亀山　章編（1993）　ランドスケープ・エコロジー　緑地生態学、朝倉書店
加藤辰巳・太田英利（1993）　エコロジーガイド　日本の絶滅危惧生物、保育社
農林水産省農業環境研究所編（1993）　農村環境とビオトープ、養賢堂
鷲谷いづみ・森本信生（1993）　エコロジーガイド　日本の帰化生物、保育社
芹沢俊介　（1995）　エコロジーガイド　人里の自然、保育社
日本生態系協会　（1995）　エコロジカル・ネットワーク―環境軸は国境を越えて―、日本生態系協会
横山秀司　（1995）　景観生態学、古今書院
沼田　眞編　（1996）　景相生態学―ランドスケープ・エコロジー入門―、朝倉書店
鷲谷いづみ・矢原徹一（1996）　保全生態学入門―遺伝子から景観まで―、文一総合出版

田端英雄（1997）エコロジーガイド　里山の自然、保育社
土壌微生物研究会編（1997）新・土の微生物　(2)植物の生育と微生物、博友社
守山　弘（1997）むらの自然をいかす―自然環境とのつきあい方　6―、岩波書店
守山　弘（1997）水田を守るとはどういうことか―生物相の視点から―、農山漁村文化協会
塚本良則（1998）森林・水・土の保全―湿潤変動帯の水文地形学―、朝倉書店
日本生態系保護協会（1998）ビオトープネットワーク―都市・農村・自然の新秩序―、ぎょうせい
八板美智夫（1998）里山は自然の宝庫、大日本図書
鷲谷いづみ（1998）サクラソウの目―保全生態学とは何か―、地人書館
太田猛彦・高橋剛一郎編（1999）渓流生態砂防学、東京大学出版会

里山の動植物

牧林　功（1985）雑木林の小さな仲間たち　狭山丘陵昆虫記、埼玉新聞社
原　聖樹・青山潤三（1993）チョウが消えた!?、あかね書房
盛口　満（1993）里山の博物誌　虫の目人の目タヌキの目、木魂社
上田俊穂・伊沢正名ほか（1994）山渓フィールドブックス〈10〉「きのこ」、山と渓谷社
岡田　博（1994）植物の自然史、北海道大学図書刊行会
学園都市の自然と親しむ会編（1995）「筑波山　つくばの自然誌」、㈱STEP
河野昭一（1996）アリのお花畑、フレーベル館

高城　務　（1997）　里山の野鳥、星雲社
日本林業技術協会編（1997）　きのこの100不思議、東京書籍
鈴木まもる　（1998）　鳥の巣展覧会―伊豆・婆娑羅山の四季―、河出書房新社
農林水産省農業環境技術研究所編（1998）　水田生態系における生物多様性、養賢堂
山下善平　（1999）　里山の昆虫　その生活と環境、北海道大学図書刊行会

里山の保全・手入れ

四手井綱英　（1963）　アカマツ林の造成―基礎と実際―、地球出版
高橋理喜男・亀山　章編集（1987）　緑の景観と植生管理、ソフトサイエンス社
杉浦銀治・古谷一剛（1988）　木炭はよみがえる、全国林業改良普及協会
重松敏則　（1991）　市民による里山の保全・管理、信山社出版
自然環境復元研究会編（1991）　自然復元　［特集］ホタルの里づくり、信山社出版
杉山恵一・進士五十八編（1992）　自然環境復元の技術、朝倉書店
石井　実・植田邦彦・重松敏則（1993）　里山の自然を守る、築地書館
林野庁監修・環境林整備検討委員会編（1993）　環境林の整備と保全、日本造林協会
石城謙吉　（1994）　森はよみがえる　都市林創造の試み、講談社
富山県自然保護団体連絡協議会（1994）　里山からの告発、松香堂書店
ハーバート・アクセル、エリック・ホスキング著・黒沢令子訳（1995）　よみがえった野鳥の楽園―英国ミンズミ

ア物語―、平凡社
千賀裕太郎（1995）よみがえれ水辺・里山・田園、岩波書店
亀山　章編集（1996）雑木林の植生管理―その生態と共生の技術―、ソフトサイエンス社
小学館編（1996）自然の学校―プロが教える自然遊び術―、小学館
中川重年（1996）再生の雑木林から、創森社
中川重年・鶴岡政明（1997）イラストガイド　森の手入れ、森のあそび、全国林業改良普及協会
倉本　宣・内城道興（1998）雑木林をつくる　人の手と自然の対話・里山作業入門（改訂新版）、百水社
中川重年（1998）自然の学校②―雑木林をつくってあそぶ―、小学館
林　進監修（1999）里山林ハンドブック、日本林業調査会

編集委員・執筆者一覧（五十音順）

執筆者

赤間　慶子　森林総研森林生物部土壌生物研究室主任研究官
阿部　和時　森林総研森林環境部山地防災研究室長
飯田　滋生　森林総研北海道支所造林研究室主任研究官
池田　重人　森林総研東北支所土壌研究室長
井鷺　裕司　森林総研関西支所造林研究室主任研究官
石崎　涼子　森林総研林業経営部経営組織研究室
伊藤　一幸　農林水産省農業環境技術研究所環境生物部植生生態研究室長
伊東　宏樹　森林総研関西支所造林研究室
井上　大成　森林総研森林生物部昆虫管理研究室主任研究官
上原　巌　岐阜大学大学院連合農学研究科
植村　好延　ゆかりの森昆虫館学芸員
宇都木　玄　森林総研生産技術部物質生産研究室
遠藤　日雄　森林総研林業経営部経営組織研究室長
大石　康彦　森林総研東北支所広葉樹林管理研究室主任研究官
大河内　勇　森林総研森林生物部昆虫管理研究室長
大住　克博　森林総研関西支所風致林管理研究室長
大林　隆司　東京都小笠原亜熱帯農業センター病害虫研究室
岡　裕泰　森林総研林業経営部生産システム研究室主任研究官
奥　敬一　森林総研関西支所風致林管理研究室
奥田　史郎　森林総研生産技術部植生制御研究室主任研究官
小椋　純一　京都精華大学人文学部教授
尾隠山明宏　和歌山県農林山村部山村振興課副課長
小野　良平　東京大学大学院農学生命科学研究科助手
香川　隆英　森林総研企画調整部海外研究情報室長
柿澤　宏昭　北海道大学大学院農学研究科助教授

編集委員

大角　泰夫　森林総研森林環境部長
坂口　精吾　森林総研林業経営部長
田中　伸彦　森林総研林業経営部環境管理研究室
千葉　幸弘　森林総研生産技術部物質生産研究室長

角谷　知彦　三重大学大学院生物資源学研究科
加藤　衛拡　筑波大学農林学系助教授
金指あや子　森林総研生物機能開発部生態遺伝研究室長
川路　則友　森林総研森林生物部鳥獣管理研究室長
河原　孝行　森林総研北海道支所遺伝研究室長
河室　公康　森林総研森林環境部地質研究室長
北尾　邦伸　島根大学生物資源科学部教授
倉本　　宣　明治大学農学部助教授
後藤　稔治　岐阜県立大垣東高等学校教諭
齋藤　和彦　森林総研林業経営部環境管理研究室
斉藤　昌宏　森林総研北海道支所育林部長
坂口　精吾　森林総研林業経営部長
佐久間大輔　大阪市立自然史博物館学芸員
佐々木　健　広島国際学院大学大学院教授
重松　敏則　九州芸術工科大学芸術工学部教授
柴田　銑江　森林総研森林環境部群落生態研究室
洲崎　燈子　豊田市矢作川研究所
高木　政弘　林野庁中部森林管理局企画調整室監査官
髙橋　正義　森林総研林業経営部資源解析研究室
高橋　佳孝　農林水産省中国農業試験場畜産部草地飼料作物研究室主任研究官
多田多恵子　立教大学・東京農工大学非常勤講師
田中　伸彦　森林総研林業経営部環境管理研究室
田中　信行　森林総研生産技術部更新機構研究室長
田内　裕之　森林総研北海道支所造林研究室長
千葉　幸弘　森林総研生産技術部物質生産研究室長

東條　一史　森林総研森林生物部鳥獣生態研究室主任研究官
鳥居　厚志　森林総研関西支所連絡調整室長
中川　重年　神奈川県森林研究所専門研究員
中静　透　京都大学生態学研究センター教授
中島　敦司　和歌山大学システム工学部講師
中村　太士　北海道大学大学院農学研究科助教授
野田　巌　森林総研九州支所経営研究室長
蓮場　良之　神奈川県環境農政部林務課課長代理
長谷川雅美　千葉県立中央博物館上席研究員
長谷川元洋　森林総研森林生物部昆虫生態研究室
櫃間　道夫　元気象庁観測部長
比屋根　哲　岩手大学農学部助教授
深町加津枝　森林総研関西支所風致林管理研究室
福田　達男　東京都薬用植物園主任
細谷　和海　水産庁中央水産研究所内水面利用部魚類生態研究室長
堀　靖人　森林総研九州支所経営研究室主任研究官
前藤　薫　森林総研四国支所保護研究室長
牧野　俊一　森林総研森林生物部昆虫生態研究室長
松村　雄　農林水産省農業環境技術研究所環境生物部昆虫分類研究室長
松本　光朗　森林総研林業経営部生産システム研究室長
溝口　岳男　森林総研森林環境部養分動態研究室主任研究官
三田村　強　農林水産省農業環境技術研究所環境生物部植生管理科長
三井　昭二　三重大学生物資源学部教授
宮崎　良文　森林総研生物機能開発部生物活性物質研究室長
室山　泰之　京都大学霊長類研究所助手

森口　一　(財)日本蛇族学術研究所研究員
守山　弘　前農林水産省農業環境技術研究所環境管理部上席研究官
八木橋勉　森林総研生産技術部更新機構研究室
八巻一成　森林総研北海道支所経営研究室主任研究官
山田文雄　森林総研森林生物部鳥獣生態研究室長
山中高史　森林総研森林生物部土壌微生物研究室
山場淳史　広島県林務部林務政策課技師
山本勝利　農林水産省農業環境技術研究所環境管理部農村景域研究室主任研究官
山本信次　岩手大学農学部附属演習林助手
山本徳司　農林水産省農業工学研究所企画連絡室研究技術情報官
山本伸幸　島根大学生物資源科学部助手
吉武　孝　森林総研森林環境部森林災害研究室長
吉永秀一郎　森林総研四国支所林地保全研究室長
鷲谷いづみ　東京大学大学院農学生命科学研究科教授

＊森林総研＝農林水産省森林総合研究所

里山を考える一〇一のヒント

二〇〇〇年二月二十一日　初版発行

編者――社団法人　日本林業技術協会
〒一〇二-〇〇八五　東京都千代田区六番町七
電話　〇三-三二六一-五二八一（代）

発行者――丁子　惇

発行所――東京書籍株式会社
〒一一四-八五二四　東京都北区堀船二-一七-一
電話（営業）〇三-五三九〇-七五三一
（編集）〇三-五三九〇-七五一一

印刷・製本――東京書籍印刷株式会社

ISBN4-487-79527-3 NDC650